QUANGUO DIANLI SHIGU
HE DIANLI ANQUAN SHIJIANHUIBIAN

全国电力事故和电力安全事件汇编

（2014年）

国家能源局电力安全监管司　编

浙江人民出版社
ZHEJIANG PEOPLE'S PUBLISHING HOUSE

国家能源局主管
中国电力传媒集团
CHINA ELECTRIC POWER MEDIA GROUP

内 容 提 要

为深刻吸取电力事故事件教训，防止同类事故事件再次发生，确保电力系统安全稳定运行和电力可靠供应，编者将 2015 年发生的电力事故、电力安全事件等进行收集整理并汇编成册，供全国电力行业从事设计、施工、验收、运行、维护、检修、安全、调度、管理等方面的技术人员和管理人员参考、学习。

图书在版编目（CIP）数据

全国电力事故和电力安全事件汇编. 2014 年/国家能源局电力安全监管司编. —杭州：浙江人民出版社，2017.7
ISBN 978-7-213-08145-3

Ⅰ. ①全… Ⅱ. ①国… Ⅲ. ①电气工业－电气故障－汇编－中国－2014②电力安全－汇编－中国－2014
Ⅳ. ①TM92②TM7

中国版本图书馆 CIP 数据核字(2017)第 164055 号

全国电力事故和电力安全事件汇编（2014 年）
国家能源局电力安全监管司 编

出版发行：	浙江人民出版社　中国电力传媒集团
经　　销：	中电联合（北京）图书有限公司 销售部电话：（010）52238170　52238190
印　　刷：	三河市百盛印装有限公司
责任编辑：	李 瑶　宗 合
责任印制：	郭福宾
网　　址：	http://www.cpnn.com.cn/tsyxzx/
版　　次：	2017 年 7 月第 1 版·2017 年 7 月第 1 次印刷
规　　格：	787mm×1092mm　16 开本·11.25 印张·220 千字
书　　号：	ISBN 978-7-213-08145-3
定　　价：	**40.00** 元

敬 告 读 者
如有印装质量问题，销售部门负责退换
版 权 所 有　翻 版 必 究

编 制 说 明

  为增强电力行业从业人员安全意识，有效防范事故发生，我们将 2014 年发生的电力事故及电力安全事件情况进行统计，按人身伤亡事故、电力设备事故、自然灾害造成的人身伤亡事故以及电力安全事件进行分类，并从事故（事件）简述、事故（事件）经过、事故（事件）原因、暴露问题、防范及整改措施几个方面对事故、事件进行整理，汇编成册。本书侧重于对事故、事件的过程描述和原因分析，力争使读者对每起事故、事件有清晰和深刻的认识，进而从中吸取教训。

  由于编者水平有限，时间紧迫，编写过程中难免出现错误和不妥之处，敬请批评指正。

编　者

目　录

电力建设人身伤亡事故

绪　　论

电力工业是我国重要的基础产业，也是重要的公用事业。电力安全直接关系到国民经济发展和人民生命财产安全。当前，电力工业面临着新的形势和挑战：电力市场化改革不断深入，社会对电力可靠性的要求不断提高；新能源和可再生能源的快速发展对电网的安全稳定运行提出了新的要求；大电网不断延伸，电压等级不断升高，大容量、高参数发电机组不断增多，电力的技术复杂性进一步提高。

2014年，我国电力安全生产形势持续稳定，电力行业各单位认真贯彻落实党的十八大和十八届三中、四中全会精神，深入贯彻《中共中央国务院关于进一步深化电力体制改革的若干意见》及相关配套文件，贯彻落实全国能源工作会议精神，贯彻落实全国安全生产电视电话会议和全国安全生产工作会议精神，牢固树立安全发展观念，坚持人民利益至上，坚守安全红线，推进依法治安，坚持目标导向与问题导向相统一，完善落实安全生产责任和管理制度，围绕中心、服务大局，加强监管执法，推进协同联动，扎实做好电力安全生产各项工作，继续保持电力安全生产形势持续稳定的良好局面，确保"十二五"电力安全生产工作稳步推进。

2014年，全国没有发生重大以上电力人身伤亡之事故，没有发生重大以上电力安全事故，没有发生较大以上电力设备事故，没有发生水电站大坝漫坝、垮坝以及对社会有较大影响的电力安全事件。

一、基本情况

根据《电力安全事故应急处置和调查处理条例》（国务院令第599号）、《生产安全事故报告和调查处理条例》（国务院令第493号）和《国家能源局关于印发〈电力安全事件监督管理规定〉的通知》（国能安全〔2014〕205号），我们对2014年全国电力事故和电力安全事件进行统计：2014年，全国发生电力人身伤亡事故47起，死亡65人，同比减少8起，死亡人数减少2人。其中，发生电力生产人身伤亡事故30起，死亡35人，同比减少17起，死亡人数减少21人；电力建设人身伤亡事故17起，死亡30人，同比增加9起，死亡人数增加19人。发生自然灾害造成的人身伤亡事故2起，死亡（失踪）10人，同比减少1起，死亡（失踪）人数减少1人。发生境外人身伤亡事故2起，死亡17人。发生电力安全事故1起，同比增加1起；发生直接经济损失100万元以上的一般事故4起，同比增加2起。发生电力安全事件16起，同比减少11起。

二、电力事故简况

（一）较大以上电力人身伤亡事故

2014年，全国共发生较大以上电力人身伤亡事故2起，分别为：8月4日，中能浙江省火电建设公司分包单位浙江恒越建设工程有限公司在浙江省电力公司500kV万象至瓯海线送出工程施工中，各施工人员因一氧化碳中毒晕倒，多名人员施救不当中毒，造成3人死亡、2人受伤。11月7日，中铁十三局在位于安徽淮南的中电投平圩第三发电有限责任公司扩建工程铁路厂前站及卸煤线施工过程中，在卸煤线上部结构混凝土浇筑时混凝土和模板支撑、脚手架一起塌落，造成7人死亡、7人受伤。

（二）自然灾害引发的较大以上人身伤亡事故

6月10日，中国中铁股份有限公司所属中铁七局集团有限公司作业人员，在三峡乌东德水电站对外交通公路建设施工过程中，左岸公路下腰岩隧道发生围岩垮塌事故，造成3人死亡、1人受伤。

7月12日，四川省会东县乌东德水电站左岸，红崖湾沟上方施工区域外高程2000m左右部位，因自然灾害引起山体塌方，塌方体顺红崖湾沟滑落至1号泄洪洞进口平台（高程约910m），造成3人死亡、4人失踪。

三、结论

回顾2014年发生的电力事故、电力安全事件，究其原因：一是电力安全生产主体责任未落实到位，安全管理工作存在薄弱环节。部分电力企业安全生产保证体系和监督体系有待进一步完善，安全规程标准执行不严格；对生产现场监督检查不到位，安全措施针对性不强，安全生产风险分析不及时，安全生产动态监控及预警预报体系尚未完全建立；部分电力企业对外委队伍安全管理薄弱，存在以包代管情况，缺乏有效的管理措施和手段。二是电力安全隐患排查治理工作不够深入，设备故障引发电网停电事件频发。部分重要电力设备在设计、制造方面存在缺陷，有些甚至是由于设计、材质、工艺等共性因素导致的"家族性"缺陷，在运行过程中故障多发，对电力系统安全运行构成威胁。部分电力设备设施长期疲劳运行，运行维护、检修不及时，设备可靠性水平低。三是电力二次系统存在隐患和薄弱环节，对电力系统安全运行造成影响。部分企业对电力二次系统安全管理重视程度不够，人员技能水平偏低、力量不足，存在继电保护、安全自动装置日常运行维护等业务外包和设备运行维护依赖制造厂家的情况；部分地区局部电网结构薄弱，发展不均衡，部分变电站供电容量大、负荷重，中、低压网络转供能力不足，导致设备故障对系统稳定运行影响大、减供负荷严重。四是电力建设安全形势依然严峻，人身伤亡事故多发。部分电力建设项目安全管理粗放，管理制度和管理标准不规范，现场安全管理及文明施工水平不高，安全教育培训不到位，违章作业、违章指挥、违反劳动纪律现象时有发生；部分电力建设项目对脚手架、支撑架、起重机械等重要设备设施管理薄弱，坍塌、高坠和机械伤害事故多发。五是自然灾害和外力破坏对电力安全构成严重影响。2014年，我国气候复杂多变，电力线路和设计标准难以抵御恶劣天气，恶劣气候引发多起电力安全事件，对电网运行安全构成威胁。泥石流、滑坡等地质灾害严重威胁电力生产和建设安全。

事故给人民生命和国家财产造成了重大的损失，并产生一定社会影响，事故也反映出事故单位在安全生产责任落实、生产现场管理、安全费用投入、安全培训等方面存在薄弱环节和突出问题。希望各电力企业认真吸取事故教训，总结事故规律，落实安全生产责任，完善安全措施，进一步提高电力安全生产和应急管理水平，坚决遏制重大以上电力事故的发生。

第一章　人身伤亡事故

电力生产人身伤亡事故

一、山东中华发电有限公司菏泽发电厂"1·3"伤亡事故

（一）事故简述

2014年1月3日，山东中华发电有限公司菏泽发电厂燃料车间卸煤时发生车厢溜车，造成1人死亡，直接经济损失49万元。

（二）事故经过

2014年1月2日17：30，二期翻车机对位60节盘古寺火车煤，因煤质湿黏，蓬煤严重，卸车速度缓慢。1月3日，燃料运行卸车甲班中班接班时，二期翻车机剩余对位重车21节。22：14，翻至第17节时，推车机"自动"状态返回不到位，翻车机操作室值班员李永兵由"自动"切换"手动"操作推车机返回，推车机到位信号发出，李××判断推车机返回原位（实际上推车机仍未返回到原位），但是迁车台未迁车，李××遂由"自动"切换"手动"操作迁车台。当迁车台向空车线移动过程中，迁车台上的车厢与推车机发生碰撞，现场正钩值班员陈××发现后立即按下迁车台北侧翻车机系统急停按钮，停止作业，进行检查处理。

22：17，燃料运行副班长常化×现场电话通知操作室值班员李××将推车机再次"手动"返回原位。在返回过程中，迁车台上的车厢被推车机向南带动，车轮碰撞迁车台南端止挡器后，车厢随即向北反弹，发生溜车。此时常化×站在车厢北端（翻车机室的南侧，靠近迁车台北边缘），见此情况迅疾跑开躲避；但是跑出约5m后，又快速转身返回，试图人力推挡阻止车厢溜车掉轨，同时叫在场的2名值班员陈××、常洪×一起阻挡，2名值班员一起高喊"推不住、有危险、快闪开"，他却竭力推车，结果被10cm宽的车厢端部侧面加强梁挤到其身后的翻车机室南墙柱上，头部严重撞伤。

事故发生后，现场正钩值班员陈××立即电话告知操作室值班员李××，李××迅疾到场查看，随即电话通知一、二期输煤集控值班员秦××联系救护车，并汇报当班班长邢××。22：34，救护车到达事故现场，将常化×送往菏泽市创伤医院进行抢救。常化×因伤势过重，送医院后经抢救无效死亡。

（三）事故原因

1. 直接原因

在车厢溜车的情况下，带班负责人常化×应急处置不当，人力正面推挡车厢，是事故发生的直接原因。

2. 间接原因

（1）燃料翻车机系统现场环境照明存在隐患，由于光线暗，造成现场工作人员检查不到位，没有发现推车机蹭到车厢的倒钉这一问题。

（2）现场工作人员违反燃料翻车机系统安全操作规程，在机器发生故障停机后，故障原因没有真正查清并排除的情况下，启动机器运行，造成了溜车。

（3）教育培训不到位，从业人员安全意识不强，应急处置能力差。

（4）安全生产巡查不到位，安全防范措施不健全，对操作人员违章行为发现和纠正不力。

（四）防范及整改措施

（1）切实落实安全生产责任制。菏泽发电厂要严格按照《山东省生产经营单位安全生产主体责任规定》要求，认真分解、细化、落实企业主体责任，切实把责任落实到岗位，落实到人头。

（2）加强企业内部警示宣传。在全厂范围内组织开展一次安全大讨论活动，做到"一人出事故，全厂受教育"，深刻剖析思想根源，采取针对性措施，改善自身存在的不良行为，真正做本质安全人，切实做到"四不伤害"。

（3）要加大安全设备和安全防护用品的投入。对燃料翻车机系统设备进行一次全面检查，排查设备系统是否完好可靠、保护装置是否齐全可靠、巡检通道及环境照明等是否满足工作需要、系统及环境是否存在缺陷隐患等，避免类似故障发生。

（4）进一步加强职工的安全生产培训教育。要进一步加强职工的安全生产教育培训，使职工了解本企业、本岗位的危险因素，熟练掌握本岗位的安全规章制度、操作规程和各项安全防范措施、自救逃生知识，增强职工的安全意识，自觉遵守各项安全规章制度和操作规程。

二、哈尔滨热电有限责任公司"2·21"触电事故

（一）事故简述

2014年2月21日，哈尔滨热电有限责任公司运行分场发生一起触电事故，事故造成1人当场死亡，另1人送医院救治无效于23日死亡。

（二）事故经过

2月21日13：30，白班运行人员对7号机组电动给水泵电机进行绝缘检测，发现绝缘不合格后，进行了有效处置。16：35，接到给7号机组电动给水泵电机送电通知的运行分场集控一班单元长孙××，安排运行副值班员王××和王×前往6kV

配电室，对 7 号机组电动给水泵电机进行送电前的绝缘复测。16：42，集控室值班人员发现 7 号机组跳闸。主值班员牛××立即赶到 6kV 配电室，发现室内有烟雾冒出，在向有关领导汇报后，戴上正压呼吸器进入 6kV 配电室，发现 13 号 7 号机组电动给水泵开关柜前地面上，有一着火的人形物体，于是使用灭火器将明火熄灭，后经确认，此人为副值班员王××。与此同时，巡检人员在 8 号炉 12.6m 电梯口处发现了逃离事故现场时受伤倒地的副值班员王×。17：10，120 医护人员到达现场，确认王××已经死亡，伤者王×被立即送往哈尔滨第五医院救治，2 月 23 日 09：10，因肺部感染呼吸困难抢救无效死亡。

（三）事故原因

1. 直接原因

作业人员违反《哈尔滨热电有限责任公司电气运行事故预防技术措施》第 13.9 条、第 13.15 条和第 13.16 条之规定，在未佩戴绝缘手套、未验电的情况下，冒险进入手车室（断路器室）内进行电机绝缘测量操作，当王××接近母线侧带电闸嘴时，发生弧光短路，这是造成触电事故发生的直接原因。

2. 间接原因

（1）操作票中的工作许可人未认真履行安全工作职责，岗前工作部署和安全检查不到位。

（2）监护人未认真履行安全工作职责，违反《电力安全工作规程》（电气部分）第 4.6.16 条之规定，未及时发现和纠正作业人员的不安全行为。

（3）公司未严格执行电力行业的"两票三制"。

（4）公司有关领导和安全管理人员对安全生产工作重视不够，对工人安全教育不到位，管理不严，特别是对工人习惯性违章作业的行为制止不力。

（四）防范及整改措施

（1）"两票三制"是我国电力行业多年运行实践中总结出来的经验，是安全生产保证体系中最基本的制度之一，在贯彻执行过程中只能加强、不能弱化。

（2）认真查找思想上和工作上的疏漏，要进一步建立和完善各项安全管理制度和操作规程，制定严密的、有针对性的防范措施，把工作重心放在求实、务实、落实上，及时发现和消除各类事故隐患，坚决杜绝各类事故的发生。

（3）采取现场说法的形式对运行分场的职工进行一次全员安全教育，务使作业人员了解掌握作业场所存在的危险因素及防范措施，并监督、教育职工正确佩戴、使用劳动防护用品，努力实现经验管理向科学管理的转变和"要我安全向我要安全"的转变。

三、湖北华电襄阳发电有限公司"2·26"物体打击事故

（一）事故简述

2014 年 2 月 26 日，湖北华电襄阳发电有限公司在 3 号烟囱内筒拆除过程中，

发生一起物体打击事故，造成 2 人死亡、1 人受伤，直接经济损失 180 万元。

（二）事故经过

2014 年 2 月 26 日 08：00，江苏兴港公司土建班班长（拆除班组负责人）杨英×带领 9 名工人到 3 号烟囱内筒 15m 渣土堆积的平台上对切割拆除的混凝土块进行二次破碎。首先，杨英×进行了工作分工和安全技术交底，烟囱内安排 4 个人，风镐工党鹏×、张××、党耀×对切割下来的混凝土块进行二次破碎；气割工杨冬×对二次破碎后的混凝土内的钢筋进行切割。烟囱外面安排 5 人，分别是 2 个吊篮维修工、2 个清理工和 1 个地面安全监护工。工作安排和技术交底后，各组按照分工开始工作，杨英×到烟囱外面转了一会后进到烟囱内。为了保证安全，施工现场设置了三根安全绳，第一根安全绳一端固定在吊篮上，另一端固定在对面烟道的横梁上，党鹏×、张××、党耀×三人的安全带挂在第一根安全绳上；第二根安全绳一端固定在倒链（手拉葫芦）上，另一端固定在第一块混凝土的钢筋上，杨英×的安全带挂在第二根安全绳上；第三根安全绳的两端分别固定在第一块混凝土两端的钢筋上，杨鹏×的安全带固定在第三根安全绳上。杨英×从烟囱外进入内筒作业现场后，党鹏×、张××、党鹏×三名风镐工已将压在第一块混凝土块下面的第二块混凝土块中间切割处的混凝土破碎完了，杨冬×正在对破碎后的混凝土块内的钢筋进行切割，杨英×就站在杨冬×身边指挥，杨冬×切割到上一层钢筋时（混凝土厚度是 35cm，块内有两层钢筋，切割时都是先切下面一层钢筋，再切上面一层钢筋）在切到上一层钢筋还剩 7、8 根钢筋时，杨英×担心钢筋切割完后有危险，就让党鹏×、张××、党耀×三名风镐工把工具拿到第一块混凝土上面，然后站到安全的地方去。话刚说罢，09：35 左右，烟囱内筒施工作业面的混凝土切块突然发生坍塌，将张××、党耀×两人压在第一块混凝土下面，杨英×和杨冬×被挤在狭小的混凝土块间的空隙中。

当时正在烟囱外面进行吊篮检修的杨×听到烟囱内发出"咕咚"一阵巨响后，意识到里面出事了，就顺着吊篮护栏直接爬上内筒壁，看到里面全塌了，就喊杨英×，只听到杨英×答应，没有看到人，一着急就从内壁上直接跳下去，边喊边寻着声音向杨英×爬去。在攀爬的过程中看到了张××，就喊张××的名字，没有应答。杨×就去救杨英×，看到杨英×、党鹏×、杨冬×三个人在一起，由于党鹏×受伤轻微，自己爬了上来，然后杨×、党鹏×两人把绳子从上面放下，杨英×在下面帮助杨冬×系好绳子，两人在上面拉，先把杨冬×救了上来，然后再用绳子把杨英×拉上来。杨英×被救上来后立即给郑州院项目部王×（项目部）打电话说："出事了，赶快救人。"王×（项目部）说："我就在现场。王×（项目部）接完电话后，看到王×（工程师）在现场，就让其拨打"119""120"求救，王×（项目部）就回项目部把车开到 3 号烟囱施工洞口准备运伤者。杨英×这时没有看到张××、党耀×两人，就问党鹏×和杨×是否看到张××和党耀×，杨×说"张××在下面压着"。杨

7

英×顺着杨×手指的方向攀爬下去，看到张××被压在混凝土下面一动不动，党耀×被压在混凝土的另一头下面，大声喊他们的名字都没有回应。09：55 分，消防官兵已赶到事故现场，杨英×他们就协助消防官兵展开救援。10：20 左右，120 救护车赶到，将受伤的杨冬×送往医院。

由于事故现场空间狭小，救援十分困难，23：20 张××被救出，经 120 救护人员检查确认已无生命体征，2 月 27 日凌晨 04：30 左右，党耀×被救出，经 120 救护人员检查确认已无生命体征。

（三）事故原因

1. 直接原因

经调查认定，导致该起事故的直接原因是施工作业人员在对烟囱内筒拆除的较大混凝土块进行二次破碎切割时，作业面交错堆积的混凝土块失稳发生坍塌，导致作业面 5 名作业人员坠落筒底，2 名作业人员被滑落的较大混凝土块砸中。

2. 间接原因

（1）郑州设计院有限公司施工组织机构不健全。郑州设计院承接襄阳发电公司 3 号烟囱防腐改造工程，成立了项目经理部，公司法定代表人委托王××为项目经理，但王××没有到位履职，并私自委托王×（项目部）代其行使项目经理职责。

（2）郑州设计院有限公司施工方案编制、审核、审批程序违规。襄阳发电公司 3 号烟囱内筒拆除工程属危险性较大的分部分项工程，专项施工方案编制完毕后应当由总承包单位组织技术、安全、质量专业技术人员进行审核，审核合格后由总承包单位技术负责人签字，最后报项目总监理工程师审核签字。超过一定规模的危险性较大分部分项工程，还应当组织专家对专项方案进行论证。郑州设计院项目部编制的《施工组织设计》《施工安全措施》《电动吊篮安装及拆除方案》《混合烟道及原烟囱内筒拆除方案》《渣土清运方案》均由项目部安全员张××编制，由项目部总工程师王×（工程师）审核，再由项目部现场负责人王×（项目部）审批，违反了住建部《危险性较大的分部分项工程安全管理办法》的相关规定。

（3）郑州设计院有限公司烟囱内筒拆除方案及施工安全技术措施存在缺陷。该方案对 35m 以下混凝土结构的内筒拆除没有制定具体的施工安全技术措施，在风镐打不动时改为电动锯切割，且没有明确限定混凝土切块的规格，导致混凝土切块过大，无法清运，施工作业中拆除班组先将 65 型挖掘机吊到 5 号烟道进入烟囱内筒与 5 号烟道口，换用破碎锤进行机械破碎，效果不好，后用钢丝绳套住混凝土块，用 80 型挖掘机机械臂往外拉，效果也不明显，最后冒险采用人工进入内筒用风镐进行二次破碎、切割作业，且二次切割破碎作业没有编制施工方案和安全技术措施。

（4）郑州设计院有限公司施工现场安全管理不到位。郑州设计院作为工程总承包单位应对施工现场的安全负总责。对施工作业人员安全防护不到位，安全绳使用不当；在安全隐患没有消除的情况下，对江苏兴港公司安排人员冒险进入烟囱内筒作业，随意改变拆除方法等冒险蛮干行为没有发现和制止。

（5）江苏兴港公司施工组织机构不健全。江苏兴港公司委托施×为襄阳发电公司 3 号烟囱防腐改造承包工程项目经理，但施×长期不在项目部履职，安排没有任何资质的丁××为现场负责人行使项目负责人职责。

（6）江苏兴港公司施工方案和安全技术措施落实不到位。拆除班组没有认真落实各项施工方案和安全技术措施，作业人员安全绳使用不当，把安全绳固定在同一作业面的混凝土块的钢筋上，起不到安全保护作用；在拆除作业中随意改变拆除方法，随意使用破拆设备；渣土清运不及时，导致内筒渣土堆积高达 15m。

（7）江苏兴港公司安全意识淡薄、违规冒险作业。拆除班组作业人员安全意识淡薄，冒险蛮干。在拆除 35m 以下混凝土结构烟囱内筒时，随意设定混凝土切块规格，小的切块 2m×4m，大的切块 4m×6m，大大超出原拆除方案 0.3m×0.3m 的切块标准，导致切下的混凝土块无法破碎和清运。在第二次破碎和清运混凝土切块时，曾冒险将 65 型挖掘机吊到 15m 高 5 号烟道破碎内筒混凝土切块，用 80 型挖掘机机械臂吊拉混凝土切块，在无明显效果的情况下，又冒险安排作业人员进入烟囱内筒，上到由渣土堆积而成 15m 高的作业面，用风镐和气割枪破碎、切割混凝土块。

（8）江苏兴港公司现场安全管理不到位。210m 高大烟囱拆除属于危险性较大的分部分项工程。在拆除作业时，施工单位应指定专职安全员和技术人员在现场监督，发现不按方案施工时要立即整改，发现有危及人身安全紧急情况时，应立即组织作业人员撤离。但江苏兴港公司项目部没有安排专人对施工现场进行监督、监护，导致不按方案施工和违规冒险作业行为无人发现和制止。

（9）环宇监理公司对施工组织设计、施工安全技术措施、混合烟道及原烟囱内筒拆除方案、渣土清运方案、吊篮安装及拆除方案的编制、审核、审批程序违规没有发现和纠正，并审查签字同意。

（10）环宇监理公司对拆除班组渣土没有及时清运、混凝土切块标准过大、安全绳使用不当等不按照方案施工的安全隐患没有发现和制止。

（11）环宇监理公司对作业人员将 65 型挖掘机吊到 15m 高的 5 号烟道破碎内筒混凝土块、安排作业人员进入内筒对较大混凝土块进行二次破碎、切割等违规冒险作业行为没有发现和纠正。

（12）环宇监理公司对郑州设计院项目部经理王××和兴港公司项目经理施×长期不在项目部履职、私自授权让无相应资质的人员担任项目负责人等问题没有发现和提出整改。

（13）环宇监理公司未对施工单位组织管理体系和安全管理机构及其相关人员的资质资格进行审查。

（14）襄阳发电公司对外包单位安全管理不到位。公司虽然安排了专人负责外包单位施工现场的安全管理，但安全管理工作不深入、不细致。没有发现施工单位不按方案施工和工人违规冒险作业行为。对郑州设计院和江苏兴港公司项目部经理不到位履职的问题发现后没有追究。

（15）襄阳发电公司安全教育培训制度不落实。公司虽然制定了外包工程及临时用工安全管理规定，要求公司相关部门对外包单位临时用工人员入厂前要进行安全教育培训。但公司相关部门对外包单位临时用工人员只进行简单的技术交底和安全知识考试后就同意进厂作业，使安全教育培训流于形式。

（四）防范及整改措施

（1）要切实强化企业安全生产主体责任的落实。各施工单位要深刻吸取湖北华电襄阳发电有限公司 3 号烟囱改造工程"2·26"坍塌事故教训，痛定思痛，举一反三，严格落实企业的安全生产主体责任，坚决贯彻执行安全生产和建筑施工方面的法律法规，严格执行各项安全管理制度和操作规程，建立健全安全管理机构和安全责任体系，加强安全教育培训，加强现场安全管理，坚决防止各类事故的发生。

（2）要进一步加大对外包单位的管理。襄阳发电公司要组织外包单位的安全管理人员和施工作业人员的全员教育培训，切实提高员工的安全意识和操作技能，加强对外包单位施工现场的安全管理，坚决杜绝违章指挥、违规作业和违反劳动纪律的行为。

（3）定期开展警示教育活动，并将事故警示教育纳入企业安全管理的日常工作。要对照此次事故暴露出的问题进行排查治理，严查事故隐患，防范同类事故的发生。

四、安徽省颍上八里河建筑安装有限公司"3·4"海南昌江核电站触电伤亡事故

（一）事故简述

2014 年 3 月 4 日，中国核工业二三建设有限公司分包单位安徽省颍上八里河建筑安装有限公司作业人员在中核集团海南昌江核电站工作现场整理电缆作业时，擅自开启 6kV 已送电的干式变压器后盖板，发生触电事故，造成 1 人死亡，直接经济损失约 90 万元。

（二）事故经过

2014 年 3 月 4 日上午，安徽省颍上八里河建筑安装有限公司海南昌江核电项目部员工雷×和其班组另外 3 名员工张×、陈×、星××，根据当天工作安排，到 PX122 房间和 112 泵坑进行电缆整理工作。08：15，四人前往 PX622 房间取当天工作要使用的工具，发现该房间的高压配电盘柜上方有 3 条也需要整理的电缆。于是，他们便临时决定先把这 3 根电缆整理好（将电缆拆下放入高压配电盘柜上方天花板下方的电缆桥架中）。

08：35，陈×将梯子放在配电盘柜正面，然后和张×先后顺着梯子爬上电缆桥架上整理电缆，星××站在下面一直扶着梯子配合他们工作。雷×当时看到那3条电缆被配电盘柜内的一根控制线挡住，不便于将电缆整理和放置到桥架内，为了尽快将电缆整理好、放回桥架内，在未经有关人员允许、监督、断电的情况下就擅自用螺丝刀将配电盘柜后挡板拆除，然后进入柜内欲将控制线一端拆掉，身体右侧接触到了柜内的变压器内接线柱，随即发生触电事故。

事故发生时，星××、张×和陈×都背对着雷×工作，而且PX622房间里面噪声很大，没有注意到雷×在做什么。08：50，星××到房间门口取斜口钳返回时，发现配电盘柜后面冒烟并伴有"滋滋"声响，于是向张×、陈×喊"冒烟了"，就马上跑到外面电话告知班长张星×，张星×立即联系切断配电盘柜电源，然后上报给项目部安全助理梁××，梁××立即组织救援人员及救援车辆赶往现场。09：00，救援车辆将雷×送往昌江县人民医院抢救，10：50，雷×经医护人员抢救无效死亡。

（三）事故原因

1. 直接原因

雷×安全意识淡薄，严重违规违章作业。在PX622房间配电盘柜前后挡板均贴有明显"带电设备、注意安全"警示标志，盘柜周围设有隔离警戒线且在未经有关人员允许、监督、断电的情况下，为了工作便利，擅自用螺丝刀拆除盘柜后方挡板进入盘柜内，接触到柜内6kV变压器接线柱导致触电死亡。

2. 间接原因

（1）八里河建筑安装有限公司海南昌江核电项目部安全教育培训工作不到位，教育流于形式，导致员工安全意识淡薄，造成员工对危险场所和违规违章作业行为的漠视，冒险作业。

（2）八里河建筑安装有限公司海南昌江核电项目部现场安全管理不到位，造成员工违规违章操作无人制止和纠正。

（3）八里河建筑安装有限公司海南昌江核电项目部对施工班组技术交底不到位，现场安全生产监督不力。

（四）防范及整改措施

（1）要牢固树立科学发展安全发展理念，牢牢坚守"发展决不能以牺牲人的生命为代价"这条红线。认真贯彻"安全第一，预防为主，综合治理"的方针，加大安全生产工作力度，加强日常安全生产隐患排查治理，强化生产一线安全监管，增加安全管理人员，加大对各生产现场的安全检查，及时发现和制止违章违规作业。

（2）进一步建立和完善各项规章制度和各岗位、各工种的安全操作规程，要教育员工树立牢固的安全理念，深化员工安全教育和岗位业务培训，提高全体员工的安全意识和自我保护能力。

（3）要采取措施加大对"三违"（违章作业、违章指挥、违反劳动纪律）的查处力度，要将员工的遵章守纪情况及安全管理人员的查处违章情况直接与经济收入挂钩，通过严厉查处"三违"，规范职工操作行为。

（4）要加强对员工安全再教育，要把"3·4"触电事故作为公司内部安全管理的典型事故案例进行学习，让员工了解事故经过和事故预防措施，吸取事故教训，提高和增强职工安全意识，自觉规范安全行为。

（5）中国核工业二三建设有限公司要通过"3·4"触电事故教训，加大宣传教育力度，加强对其外包的各个项目进行监督管理，定期或不定期组织对该项目部生产一线的各个环节、部位、岗位进行检查，对存在的各种安全隐患要督促其切实做到早发现、早治理，发现一宗，治理一宗，确保治理工作落实到位。

五、华润电力检修（河南）有限公司"3·19"原煤仓原煤坍塌亡人事故

（一）事故简述

2014年3月19日，华润电力检修（河南）有限公司工作人员在河南华润电力古城有限公司8号原煤仓开展疏通作业时发生事故，造成1人死亡，直接经济损失100余万元。

（二）事故经过

2014年3月19日中午，华润电力检修（河南）有限公司古城项目部专责杨××接到通知，要求对8号原煤仓贴壁煤进行清理疏通作业，陈××登录办理了工作票。19日下午，由杨××组织开始对8号原煤仓贴壁煤进行清理疏通作业。杨××与运行班长张×打开8号原煤仓南侧的进煤口，把软梯和安全绳放入原煤仓，杨××自己先下到原煤仓中检查了一下仓内的情况，仓壁周围积煤很严重，约有100t左右。随后，杨××又往仓内拉了一个22V的安全灯照明，然后对3名清仓人员郑××、吴联×、吴二×介绍了仓内情况，交代了作业注意事项及防护措施。17:00左右，经检查悬梯固定牢固，安全绳、安全带使用规范，3名清仓人员进入原煤仓开始作业。杨××和输煤运行班长张×在原煤仓口监护，利用对讲机与仓内保持联系。20:00左右，3人从原煤仓内上来休息，吃了食物后再下到仓内继续作业。21:30左右，大部分倾斜积煤已经清除，作业负责人郑××为加快进度，使用捅煤棍捅贴靠在仓壁上的煤。大约22:00左右，积煤突然坍塌，郑××随同塌落下来的原煤一起坠落，被埋入煤堆。此时，郑××的作业位置在原煤仓的北侧。仓内的吴二×、吴联×见此情况，一边大声呼救，一边开始奋力挖煤抢救郑××。煤仓上面的杨××立即向专工陈×汇报，并指挥抢救。陈×接到电话，迅速赶到现场，组织厂内工作人员参加抢救。同时向公司领导汇报现场情况，公司领导、项目部经理先后赶到现场指挥救援。由于原煤仓内情况复杂，救援困难，至3月20日03:50，救援人员从 22.5m 原煤仓割口处救出被埋人员郑××，其经 120 抢救无效死亡。

（三）事故原因

1. 直接原因

（1）郑××没有处于紧张状态，安全绳没有起到应有的保护作用。

（2）郑××安全知识缺乏，对作业过程中可能产生的危险估计不足，自我防范意识不够。

2. 间接原因

（1）华润电力检修（河南）有限公司古城项目部制定的《8号原煤仓疏通清理方案》存在严重缺陷，未采取依次从东、西、南、北四个方向上的进煤口进入原煤仓进行清理作业，仅安排疏通清理作业人员从 LlA2 南侧原煤仓进煤口进入原煤仓进行疏通清理作业（由于原煤仓仓体面积大，工作人员要清理仓体北侧积煤，就必须拖着安全绳从积煤顶部绕到北侧），由于作业范围大，致使安全绳不能时时处于紧张状态，安全绳起不到应有的保护作用。

（2）华润电力检修（河南）有限公司在组织进行清理原煤仓危险作业过程中安全技术交底不到位、现场安全监护人员没有检查到安全绳子不能起到保护作用的情况。

（3）华润电力检修（河南）有限公司对从业人员的安全生产教育、培训工作不扎实，从业人员郑××安全生产基本常识欠缺、防范意识差。

（四）防范及整改措施

（1）华润电力古城有限公司，要加大安全生产投入，对原煤仓及其他设备设施进行技术改造，彻底解决锅炉原煤仓堵煤等问题，整体提高发电设备本质安全水平。

（2）华润电力检修（河南）有限公司，要按照有关法律法规要求，更加扎实地加强对从业人员的安全教育和培训工作，切实提高从业人员的安全素质，真正解决从业人员安全生产意识差、安全防范不到位等问题。

（3）华润电力检修（河南）有限公司，要严格落实安全生产责任制，逐级逐层建立健全安全生产责任制，尤其对高危岗位和有限空间作业，要严格执行《工贸企业有限空间作业安全管理与监督暂行规定》等有关规定，必须严密制定工作方案和应急预案，组织专家对方案和预案进行论证，确认工作方案和应急预案可行，并经公司领导审核同意后方可组织实施；要严格管理，确保责任制的落实。

（4）华润电力检修（河南）有限公司，要加强安全和技术骨干的培养、培训工作，要关心安全和技术骨干的生活和学习，为安全和技术骨干创造拴心留人环境，确实让安全和技术骨干留得住、会工作，切实发挥安全和技术在安全生产中的主力军作用，最大限度减少事故发生。

六、华能威海发电有限责任公司"4·5"物体打击事故

（一）事故简述

2014年4月5日，哈尔滨亚源电力有限公司在对华能威海发电有限责任公司5号机组发电机温度信号引出接线装置改造过程中，发生一起物体打击事故，造成1人死亡，直接经济损失71.3万元。

（二）事故经过

华能威海发电有限责任公司5号机组C级检修于3月26日正式开工。4月4日上午，亚源电力公司技术服务人员吴××、李×来到华能威海公司办理了现场工作证，与华能威海公司检修部热控四班技术人员徐××和检修组长、工作负责人刘×一起对5号机组发电机温度信号引出接线装置改造工作中危险点和安全措施进行了沟通分析，提出了安全措施，开具了热机工作票。运行部集控值长姜××对热机工作票安全措施进行了审核，并批准了工作时间。下午，安全措施执行人、运行部单元长许×和刘×对热机工作票安全措施执行情况进行了检查后，许×签发了许可开工指令。

4月5日08：45，吴××、李×（甲）和刘×、马×、李×（乙）组成的温度信号引出接线装置改造工作班来到5号机组发电机作业现场。吴××、李×开始轮流拆卸发电机西南角的温度信号引出接线装置板法兰，陆续将28个M16×70的螺栓全部拆除。09：37，吴××在用顶丝顶开接线装置板法兰时，接线装置板法兰突然冲出，吴××被接线装置板法兰冲击至11.8m外的墙边。华能威海公司人员张×发现后，立即拨打了120急救电话和通知了公司卫生所，卫生所医生立即赶到现场抢救。09：50左右，急救中心医护人员赶至现场，立即将吴××送威海市大医院。11：23，经抢救无效后死亡。

（三）事故原因

1. 直接原因

从业人员违规拆卸接线装置板法兰，致使发电机内部压力（224kPa）突然释放，造成接线装置板法兰飞出。

2. 间接原因

亚源电力公司未落实企业安全生产主体责任，制定的《发电机温度信号接线装置改造安全操作规程》不完善，未向从业人员告知发电机温度信号引出接线装置改造工作岗位存在的危险因素和防范措施，现场工作人员未能有效辨识发电机内空气压力危险因素，未向华能威海公司详细交代发电机温度信号引出接线装置改造工艺要求，导致制定的安全措施不全面。

（四）防范及整改措施

（1）亚源电力公司要认真吸取此次事故教训，认真落实企业安全生产主体责任，完善安全操作规程，落实外出施工作业安全技术交底各项规定。要加强员工的安全

生产技能培训教育，进一步提高员工的技能水平和安全意识。要对事故暴露出来的问题，认真组织整改，确保安全措施完备。

（2）华能威海公司要加强对外来作业单位和作业人员的现场管理，深入细致地掌握外来作业单位的工作流程，加强各项风险分析预控，全面辨识工作现场存在的风险，杜绝"三违"现象，切实避免各类伤亡事故。整改及对相关责任人处理的情况报威海市安全生产监督管理局备案。

七、安徽省六安市霍邱县阳光电力维修工程有限责任公司"4·8"触电事故

（一）事故简述

2014年4月8日，霍邱县阳光电力维修工程有限责任公司周集班组在进行10kV酒厂06线倪岗分支线39号杆花园2号台区低电压改造作业中，发生一起触电事故，造成1人死亡。直接经济损失78万元。

（二）事故经过

2014年4月7日，阳光公司周集班组工作负责人刘苏×填写了工作票，阳光公司周集班组长刘承×于当日15：17签发了工作票，刘苏×于15：39签字确认收到工作票。2014年4月8日07：23，前期准备工作（断电等）完成后，阳光公司周集班组安全员王××当面通知刘苏×，许可工作开始。08：00左右刘苏×带领工作班成员共8人来到施工现场，对工作任务进行了布置，所有工作班成员在作业现场安全技术交底卡上签名确认。09：00左右，刘苏×将班组8人分2小组开始对施工所涉线路酒厂分支线挂接地线，在另一小组施工人员张×、姜××挂好接地线后，刘苏×安排同组农电工王×登杆挂接地线，王×登杆按工作票的内容将位于41号杆南面的三根线挂好了接地后，刘苏×要求王×将工作票上未列入的41号杆北面的三根线加挂接地。刘苏×在杆下将接地装置安装好后，通知王×开始挂接地，王×将带有接地线的接地杆往上拉，接地线在上升过程中接地桩被带掉，在杆下的刘苏×用手去摁接地桩。王×将接地杆往线上挂时，立即被高压电将接地杆打得脱手，王×大喊一声"有电"，同时发现刘苏×已倒在地上。

事故发生后，在现场的人员立即将刘苏×放平，马××开始对伤者进行心肺复苏，然后同班组的张×、姜××过来轮流给伤者进行心肺复苏，同时向120求助。09：45，周集卫生院救护车赶到现场将伤者刘苏×直接拉到霍邱县第一人民医院，10时15分入院，刘苏×经抢救无效于10：45被宣布临床死亡。

（三）事故原因

1. 直接原因

现场工作负责人违章作业，在装设接地线的过程中，身体接触高压带电线路是造成此起事故的直接原因。

2. 间接原因

（1）阳光公司周集班组现场工作负责人对施工现场勘查不认真，误将与施工作业同杆架设的安徽临水酒厂 10kV 正常运行线路作为废弃线路，在未验证是否带电、未采取停电措施的情况下，现场擅自增设工作票未列的安全措施，违章指挥。在装设接地线前未安排验电就安排加挂接地线，接地操作人员违章作业，盲目听从指挥，没有按照规定检验拟接地线路是否带电就挂接地线。

（2）阳光公司周集班组长和安全员对施工现场勘查要求不到位，工作票审批、工作许可把关流于形式，没有审查出勘查结果和施工现场实际不符，未能及时发现工作票安全措施不满足现场安全施工要求。

（3）阳光公司教育和督促从业人员严格执行本单位的安全生产规章制度和安全操作规程不力。

（四）防范及整改措施

（1）阳光公司要认真吸取事故教训，深刻反思，进一步建立健全安全生产各项规章制度和岗位操作流程，强化从业人员教育培训，督促从业人员严格按照规程进行作业，不断提高从业人员安全操作技能和自我防护意识。

（2）霍邱县供电公司要举一反三，立即组织所属企业全面开展安全隐患大排查，加强事故隐患安全监控管理。进一步加强安全管理力量，严格施工队伍现场安全管理。

八、广西壮族自治区资源县水利电业有限公司"4·8"人身触电伤亡事故

（一）事故简述

2014 年 4 月 8 日，资源县水利电业有限公司生技部高压线路维护班在对 35kV 城金线组织实施检修时，因施工作业人员误登另一 35kV 带电运行线路的杆塔，造成 1 名外请施工作业人员触电死亡事故，并造成直接经济损失 175 万元。

（二）事故经过

4 月 8 日 09：50，生技部高压线路维护班班长李×带领班员唐小×、唐光×按县电调指令，对 35kV 城金线巡查、处理接地故障。当巡查到资源镇土地塘公路边时，李×看见山坡上一基轻型铁塔顶端导线的 4 片悬式瓷瓶已有 3 片碎烂，唐光×用望远镜确认后，即电话汇报生技部副主任李××称"故障点已找到"，并要求请外施工队颜××参与抢修，得到准许后即电话通知颜××。10：16，李×打电话给县电调谭××确认城金线土地塘公路位置故障接地，谭××说：我先喊人转检修。随即，李×同唐小×、唐光×开车回公司拿工具、材料。当返回到土地塘公路边时，颜××已经在等候。当大家一起把车上材料搬下来时，李××带领部门员工肖×、杨××也赶来了。大家一同做好作业前的准备后，颜××拿了验电笔，背着工具袋走向 3 片瓷瓶已碎烂的铁塔，肖×、杨××、唐光×拿着瓷瓶、接地线等工具器材

紧随其后。唐光×将接地线展开，杨××将接地线与接地杆连接好并将接地杆插入地下。颜××攀爬上铁塔，当爬到铁塔一半时，唐光×提醒颜××注意验电。颜××回应："好的！"当颜××爬到离下层导线约 1.5m 时，拿验电笔对下层导线、中层导线进行了验电，验电笔都未发出报警声，于是颜××叫杆下的人把接地线传上杆塔。当颜××挂下层导线接地线发生触电事故后，被保险带悬挂在铁塔上。唐光×见状大声喊"有电"，并快速跑下山向李××报告，李××马上打电话给县电调叫调度停城金线的电，县电调调度回应李××城金线已停电，已办理运行转检修，正准备打电话通知李×，你们是否上错电杆。11：05，资源公司胡××副总经理接到事故报告后，一边要求通知 120 赶赴现场，一边迅速组织公司有关部门有关人员赶到事故现场进行事故救援处理，在检查线路名称及杆塔编号后发现事故点杆塔编号为 35kV 中旺线 49 号杆，并非故障线 35kV 路城金线杆塔。即电话报告旺田 110kV 变电站，说明 35kV 中旺线有人触电，并请求停电抢救。待确定 35kV 中旺线路停电后，将颜××从 35kV 中旺线路 49 号杆塔放下，经赶到现场的资源县 120 急救中心医护人员确认，颜××因触电已经死亡。

（三）事故原因

1. 直接原因

（1）颜××无高压电工作业操作证却从事特种作业，挂设接地线不按规定要求戴绝缘手套、穿绝缘鞋，对使用的验电笔不加仔细核对和检查，用 110kV 验电笔验 35kV 线路，没能验明线路带电，盲目在带电线路上工作。

（2）资源县水利电业有限公司生技部高压线路维护班误将带电运行的线路视为故障线路，导致颜××误登上未停电的线路杆塔而触电身亡。

2. 间接原因

（1）资源县水利电业有限公司生技部及高压线路维护班在组织高压线路检修工作时，严重违反《电业安全工作规程》和集团公司安全管理制度的规定，临时聘用无高压电工作业操作证的人员从事高压线路检修工作，作业者安全意识淡薄，自我防范能力差。

（2）资源县水利电业有限公司生技部高压线路维护班在进行高压线路检修工作时，严重违反集团公司班前班后会和有关"两票"管理的规定，施工前不召开班前会，在运行的电力线路上工作不办理工作票，致使防触电安全措施得不到切实落实。

（3）资源县水利电业有限公司生技部高压线路维护班在进行高压线路检修工作中还存在装设接地线接地极端插入地面深度不够 0.6m、使用超过试验周期的安全工器具、工作负责人未到工作现场、擅自扩大工作范围等多个违章指挥和违章作业行为。

（4）资源县水利电业有限公司生技部管理不到位，对高压线路维护班工作疏于督促和检查，部门和班组均不开展自主反习惯性违章活动，部门也未按集团公司隐患排查治理制度的要求建立部门隐患治理闭环管理台账，高压线路维护班安全工器具管理混乱，以致作业时用错验电笔，维护班安全生产事故隐患得不到有效治理，违章现象得不到及时纠正。

（5）资源县水利电业有限公司疏于安全管理，安全生产制度有待完善，公司"两票"制度对现场勘查无具体的规定和要求，检修制度对外包和外用工没有管理规定。公司领导日常对安全生产工作督促和检查的力度不够，检查工作存在死角，忽视了对生技部高压线路维护班的督促和检查，致使生技部高压线路维护班制度执行力差，作业安全措施不全或不落实。

（四）暴露问题

（1）公司安全管理不到位。

1）公司安全制度不够健全。

2）公司和生技部安全督查检查没有做到"全覆盖"，对高压线路维护班安全生产工作疏于督查检查。

3）公司对生产一线员工安全培训的力度尚不够，一线员工对安全制度的作用认识不足，安全生产意识不强。

（2）开展隐患排查治理工作不力。

生技部没有按要求建立部门隐患治理闭环管理台账，生技部和高压线路维护班均没有开展自主反习惯性违章活动，违章长期普遍存在并得不到纠正。

（3）制度执行力差，安全措施不落实。"两票"和班前班后会等安全生产基本制度在高压线路维护班得不到执行，违章指挥和违章作业情况较为严重。

（4）安全工器具管理混乱。高压线路维护班没有按规定存放安全工器具，绝缘手套叠放，验电笔混放。

（五）防范及管理措施

（1）资源县水利电业有限公司要吸取此次事件教训，要制定出强有力措施，加大对安全生产隐患的整治力度，加大对一线班组对安全制度执行情况的督查检查力度，大举开展反习惯性违章活动。开展反习惯性违章活动要充分发挥保证体系自主反习惯性的作用。

（2）资源县水利电业有限公司要对本公司安全生产制度和工作标准进行一次梳理，将完善制度作为一项重要安全生产工作去抓。要对"两票"和安全工器具管理制度进行重点梳理。

（3）资源县水利电业有限公司要强化红线意识，加强安全生产管理。一要加大对安全生产工作考核的力度，让安全生产工作不力者"下课"。二要加强对一线人员安全培训工作力度，注重提高作业人员"四不伤害"和遵章守纪意识。

（4）集团公司、直属公司和所属企业要大举开展对安全生产制度和工作标准执行情况的工作检查，要强化执行力，坚决遏制习惯性违章。

（5）所属企业及其各级要持续开展安全生产"盲点"排查工作。班组安全创优不能出现"例外"班组，安全督查检查工作不能出现"死角"，隐患排查治理不能仅局限在对物的不安全状态的整治，更要查找违章指挥、违章作业的根源。

九、重庆市长橡建筑安装工程公司"4·17"一般触电事故

（一）事故简述

2014 年 4 月 17 日，重庆市长橡建筑安装工程公司（以下简称长橡公司）在位于大渡口区八桥镇梓塘村红狮变电站建桥园区 10kV 用户工程项目的施工中发生一起触电事故，造成 1 人死亡，直接经济损失 84 万余元。

（二）事故经过

2014 年 4 月 17 日，根据红狮变电站建桥园区 10kV 用户工程施工用电需要，长橡公司施工班长刘××带领防火封堵工兰××、杂工傅××在站内 0m 10kV 室外安装临时用电电源盘，并在临时用电电源盘处敷设一根铜芯聚乙烯绝缘钢带铠装聚乙烯护套电缆到设备装置室电源箱内，且对损坏的防火封堵材料进行恢复。17：45 左右，10kV 用户工程临时施工用电电缆敷设完毕，刘××安排傅××到楼下提水到三楼露台上，安排兰××准备加热器。傅××把水提来后，兰××将防火封堵材料放进水桶中用加热器进行加热软化，加热 20 分钟后，兰××对设备装置室交流屏内遭破坏的防火封堵材料进行恢复。18：10 左右，傅××携带防火封堵材料跟随兰××来到设备装置室交流屏内恢复防火封堵材料，并好奇的与兰××说这就像在农村捏黄泥巴一样好玩，此时兰××告诉傅××这不是好玩，是在进行专项施工作业，交流屏内有电，傅××回答说自己清楚。稍许，兰××突然听见傅××哎哟一声，说手被电了一下，并坐在地面，就回头问傅××有没有问题，能不能站起来，傅××说要坐一会，紧接着说头很昏，随即倒向地面。

事故发生后，长橡公司立即拨打了 120 急救电话，同时组织现场人员进行了施救，并向区政府有关部门报告了事故情况。18：40 左右，九龙坡中医院急救人员到达现场，经抢救无效傅××死亡。

（三）事故原因

1. 直接原因

长橡公司工人傅××安全意识淡薄，违规进入专项施工现场，擅自触及导电部位造成触电。

2. 间接原因

（1）长橡公司安全生产责任制不落实，施工现场管理混乱，安全监管人员监管不力。

（2）长橡公司对施工现场的安全检查不到位，安全隐患整改不落实，对工人违规进入专项施工现场且擅自触及导电部位的行为未能有效制止。

（3）长橡公司对工人的安全教育培训流于形式，不按安全技术规范进行安全技术交底，未向工人告知作业现场存在的安全风险。

（四）防范及整改措施

（1）长橡公司应认真督促所属项目部的负责人和安全监管人员尽责尽职，认真组织作业人员的安全学习和培训，并定期召开安全会议，使作业人员的安全意识深入人心，使企业的安全生产制度真正落到实处。

（2）长橡公司应对所属项目部立即开展一次全面的安全隐患大排查，落实安全隐患排查整治工作，切实加强现场安全管理，消除不安全因素，把事故隐患消灭在萌芽状态。

（3）长橡公司应立即健全本单位安全生产责任制和相关安全生产规章制度，并向作业人员进行安全技术交底，杜绝违章作业，使安全工作真正落到实处。

（4）长橡公司应在此次事故分析会后，立即召开职工大会，对此次事故的原因、责任进行通报，从中吸取教训，防止各类生产安全事故发生。

（5）长橡公司应严格按照法律法规落实安全生产主体责任，对专项施工作业人员的资格应当进行严格的审查。

（6）区级相关部门应加大对企业的检查和监管力度，督促企业切实落实安全生产主体责任，提高安全管理水平。

十、淮北电力检修工程有限公司虎山项目部"4·25"机械伤害事故

（一）事故简述

2014 年 4 月 25 日，淮北电力检修工程有限公司虎山项目部职工周××在清扫卫生的过程中不慎被 2 号炉 B 预热器主电机与减速机的联轴器绞住工作服受伤，后经医院抢救无效死亡。

（二）事故原因

1．直接原因

周××安全意识淡薄，在没有经过允许、没有办理工作票的情况下私自一人进入作业场所从事卫生清理工作，不慎被 2 号炉 B 预热器主电机与减速器的联轴器绞住工作服是导致事故发生的直接原因。

2．间接原因

（1）公司作业现场安全管理不严。职工进入作业现场，必须办理工作票，且有两人以上，单独一人禁止进入作业场所，但周××私自单独一人进入作业场所，公司没有及时发现和有效制止。

（2）公司安全隐患整改不力。2 号炉 B 预热器主电机与减速器的联轴器外没有安装防护罩，造成设备运行的安全隐患。大唐淮北发电厂及淮北电力检修工程有限公司没有采取有效措施及时予以整改。

（3）公司安全教育不到位，致使周××安全意识淡薄，违规进入作业场所。

（三）防范及整改措施

（1）淮北电力检修工程有限公司要高度重视安全生产工作，采取切实有效的措施，加强对职工的安全教育，进一步提高职工的安全意识，严格将安全生产各项规章制度落实到生产作业活动中，严防违章作业。

（2）淮北电力检修工程有限公司要进一步加强作业现场的安全监控和管理，强化劳动纪律，及时发现和查处违反规定进入生产作业场所的有关人员，严防一人在岗。

（3）大唐淮北发电厂和淮北电力检修工程有限公司要高度重视生产安全事故隐患的排查和整改工作。严格按照有关规定和要求，逐岗位、逐设备进行安全隐患排查，对发现的生产安全事故隐患，要按照隐患管理的有关规定，及时予以整改到位。双方要加强沟通与沟通协调，及时解决维修过程中出现的安全生产问题，严防类似事故再次发生。

十一、黑龙江省齐齐哈尔富拉尔基热电厂"4·27"坍塌事故

（一）事故简述

2014年4月27日，华电能源股份有限公司富拉尔基热电厂发生一起坍塌事故，造成1人死亡，直接经济损失75万元。

（二）事故经过

2014年4月27日13：45左右，华电能源股份有限公司富拉尔基热电厂锅炉检修车间副主任于××、安全员田××一同到6号炉1号除尘器现场查看清灰进度。当时，作业组人员已离开现场。为加快清灰作业进度，13：50，于××、田××在未经审批情况下，进入罐内进行清灰作业，田××作业，于××在烟道出口处向内进行监护，清灰作业层位于罐内约16m高处。

14：15，田××在使用电镐对其左侧烟道壁由下至上进行清灰过程中，左侧壁剩余灰块突然塌落，砸在田××头部左侧。被砸后田××趴在作业层跳板上，于××上前呼叫，见无反应，随后喊其他人一同救援，并叫人拨打120急救电话。14：30，医护人员到达现场施救，14：35，田××经现场抢救无效死亡，医院诊断死亡原因为重度颅脑损伤。事故直接经济损失75万元。

（三）事故原因

1. 直接原因

华电能源股份有限公司富拉尔基热电厂锅炉检修车间安全员田××安全意识淡薄，未履行岗位职责，违反华电能源股份有限公司富拉尔基热电厂《受限空间作业安全管理规定》的要求，在没有进行审批的前提下擅自进入受限空间作业。

2．间接原因

（1）华电能源股份有限公司富拉尔基热电厂锅炉检修车间副主任于××没有履行岗位职责，未遵守进入受限空间作业的规定。

（2）华电能源股份有限公司富拉尔基热电厂各级安全教育培训工作不到位，员工安全意识薄弱，"四不伤害"技能掌握和运用不足。

（3）华电能源股份有限公司富拉尔基热电厂各级安全措施落实不力，进入受限空间作业审批制度未得到有效执行。

（四）暴露问题

华电能源股份有限公司富拉尔基热电厂现场作业存在各级安全管理人员岗位职责执行不到位、受限空间作业审批制度执行不严，进入受限空间作业人员安全意识淡薄、防范意识不强。

（五）防范及整改措施

（1）华电能源股份有限公司富拉尔基热电厂要深刻吸取此次事故的教训，强化红线意识，根据"四不放过"原则处理此次事故，将国务院《关于进一步加强企业安全生产工作的通知》（国发〔2010〕23 号）落到实处，有效防范和坚决遏制事故的发生。同时要求企业内部召开"4·27"安全生产事故通报会，并以事故为例，举一反三，采取"零容忍、全覆盖"的方式，按照国家有关规定，迅速开展企业内部安全生产大检查，全面排查治理各类安全生产隐患，全力确保生产安全。

（2）华电能源股份有限公司富拉尔基热电厂要进一步严格执行相关法律、法规、规章、标准以及上级机关、主管部门的有关决定；进一步落实安全生产主体责任和岗位责任，加强安全管理机构建设；进一步补充和完善各岗位安全操作规程，加强受限空间作业现场的安全管理，不断提升安全管理水平。

（3）华电能源股份有限公司富拉尔基热电厂要进一步强化日常安全检查，加大企业隐患排查治理的力度，对查出的问题要按照隐患排查治理"五落实"的要求整改；进一步加强完善受限空间设备、设施的安全检查和配套完善，确保设备设施的配置更加符合实际工作的要求。

（4）华电能源股份有限公司富拉尔基热电厂要以事故为例，加大全员培训的力度。

1）要保证从业人员具备必要的安全生产知识；

2）要熟悉本岗位安全生产规章制度和安全操作规程，杜绝违章作业；

3）保证掌握本岗位的安全操作技能和事故防范措施及应急常识。

（5）华电能源股份有限公司富拉尔基热电厂要进一步加大安全专项资金的投入力度，保证安全资金的使用全部用于改善企业安全生产管理现状，配齐配足必要的应急救援物资和器材。

（6）华电能源股份有限公司富拉尔基热电厂要进一步完善应急救援体系建设，修订完善企业安全生产事故救援预案，重点是加强作业现场处置方案的演练，提高从业人员安全生产事故防范意识和突发安全生产事故的应急处置能力。

十二、华电宁夏灵武发电有限公司"4·30"高空坠落事故

（一）事故简述

2014年4月30日，华电宁夏灵武发电有限公司（以下简称灵武发电公司）3号机组扩大性小修项目工程，项目各方（共6人）进入炉内准备对炉右水冷壁减薄及燃烧优化改造情况共同进行检查时，入口处炉膛检修平台（施工起重机械，属特种设备）通道跳板发生塌落，造成4人从炉内约42m标高处坠落，2人经抢救无效死亡，2人受伤，直接经济损失260多万元。

（二）事故经过

2014年4月30日10：40左右，灵武发电公司生产技术部锅炉专工杜××，锅炉检修队本体班姜×、王×、肖×及中节环公司项目分包单位郑州立达公司项目经理刘××，山东电建三公司项目劳务分包单位山东莱建公司项目经理吕××共6人，从锅炉右侧水冷壁换管处割开的孔洞（标高约42m）进入锅炉内炉膛检修平台，吕××最先进入，姜×随后进入，其他4人陆续进入，准备检查炉右水冷壁减薄及燃烧优化改造情况。约10：40，当最后1人肖×刚进入炉膛检修平台，炉膛检修平台跳板发生塌落，导致王×、刘××、杜××、肖×4人从平台上坠落，落至17m平台脚手架时，将脚手架板砸坏7块，形成2.6m×1.7m左右孔洞，并继续向下坠落。其中杜××、王×落至约8.6m处临时检修平台，刘××、肖×落至约6.5m处临时检修平台。

事故发生时，吕××、姜×本能抓住炉膛检修平台栏杆自救，两人从进入锅炉内炉膛检修平台时的水冷壁孔洞爬出，姜×立即打电话汇报锅炉检修队主任韩×并拨打120急救电话。韩×立即汇报安监部主任柳××，柳××立即汇报灵武发电公司主要领导。11：05，柳××向灵武市安监局和西北能源监管局等部门分别进行了汇报，自治区安监局和灵武市安监局等相关部门接报后相继赶赴事故现场，了解事故情况，指导事故救援工作。

事故发生后，灵武发电公司立即启动人身伤亡事故应急预案，开展现场施救。10：42，灵武发电公司组织本单位及山东电建三公司、中节环公司共10余人共同进行施救；11：00，救护车陆续到达现场，将4人分别送往灵武市中医院和灵武市人民医院进行抢救。11：40，王×、刘××经抢救无效死亡。

（三）事故原因

1. 直接原因

（1）山东电建三公司在搭设（安装）炉膛检修平台中未按设计要求安装，存在严重缺陷，使炉膛检修平台承载能力下降。

（2）项目各方6名工作（检查）人员进入3号锅炉内部进行受热面检查时，未佩戴安全带和防坠器等防护用品。

（3）炉膛检修平台 A 梁、跳板拉筋等处变形，使炉膛检修平台承载能力下降。事发时，6 名工作人员进入 3 号锅炉内部后，在炉膛检修平台上站立比较集中，超过炉膛检修平台承载能力后发生塌落。

2. 间接原因

（1）炉膛检修平台监督管理缺失。

1）山东电建三公司在安装炉膛检修平台时，未按照《特种设备安全法》的规定向当地设区的市级质监部门进行施工安装前书面告知，安装完毕后未出具自检合格证明，也未向施工（使用）单位进行安全使用说明。

2）炉膛检修平台缺少组装图、安装作业指导书、质量验收标准，设备生产厂家提供的炉膛检修平台使用说明书中，缺少详细的安装技术要求和组装图纸，对跳板梁安装工艺标准描述不清晰。江苏能建公司（生产厂家）技术人员在现场指导时工作不到位，未向现场施工人员讲明跳板梁安装工艺，未发现跳板梁安装错误、固定不牢问题，验收时也未发现问题，导致炉膛检修平台跳板梁安装错误没有得到及时纠正。

3）安装（施工）单位山东电建三公司及其劳务分包单位山东莱建公司没有对现场安装（施工）人员进行必要的安全教育和技能培训，特种设备安全管理人员、检测人员和作业人员无证上岗；安装人员未正确理解图纸，未按设计安装炉膛检修平台跳板梁，实际安装位置错误，固定不牢。

4）灵武发电公司、山东电建三公司参加炉膛检修平台安装（施工）质量验收的人员不懂或不知道特种设备安全法律法规（含标准、规程）的规定和相关专业知识，验收前，未经有相应资质的检验检测机构监督检验合格，验收时把关不严，未发现炉膛检修平台安装（施工）存在的质量缺陷和安全隐患，致使安装不合格的施工起重机械投入使用。

5）中节环公司及其项目工程分包单位郑州立达公司使用未经检验合格和无登记标志的特种设备（炉膛检修平台）；未建立炉膛检修平台岗位责任、隐患治理、应急救援等安全管理制度和操作规程，炉膛检修平台操作人员未取得相关特种设备作业人员资格证（仅一人有桥门式起重机的作业证，与操作的炉膛检修平台不对应），无证上岗；且未按规定对其使用的炉膛检修平台进行日常管理，对炉膛检修平台 A 梁、跳板拉筋等处变形没有及时进行检查和维修保养。

（2）企业安全生产主体责任落实不到位。

1）灵武发电公司对施工单位和施工人员的资质审查把关不严，施工各方的项目负责人和安全生产管理人员均未取得相关部门颁发的资格证书；未督促施工单位编制安全措施或作业指导书；对山东电建三公司和中节环公司分包项目工程的问题没有及时发现和制止；对 3 号机组检修工程的安全生产工作统一协调和管理不到位。

2）各施工单位未按规定编制项目工程安全措施或作业指导书；未建立安全生产责任制、安全管理制度和操作规程；安全教育培训不到位，作业人员自我保护意识差，登高作业（架子工）等特种作业人员均未取得有关部门颁发的特种作业人员资格证；现场安全监督检查不到位，现场存在的问题和隐患没有得到及时发现并整改。

3）工作票管理不严格，项目各方6名工作（检查）人员进入3号锅炉内部进行受热面检查时，受热面检查工作票没有及时办理成员变更手续，也未进行安全技术交底及签字。

4）受限空间等危险作业管理存在漏洞，进入受限空间作业没有人员登记管理，没有现场监护人进行监督管理，高处作业人员未按要求采取安全防护措施。

（四）防范及整改措施

（1）各事故企业（单位）要严格执行《特种设备安全法》《建设工程安全生产管理条例》等法律法规的规定和要求，进一步落实企业安全生产主体责任，特别是要落实企业主要负责人（含项目经理）安全生产第一责任人的责任，切实加强对起重机械的日常管理。要严格遵守各项安全管理规章制度，执行各项安全操作规程，落实各项安全技术措施，杜绝违章指挥、违章作业和违反劳动纪律行为，有效预防和减少各类事故的发生。

（2）灵武发电公司要认真履行建设工程项目（含检修项目）安全监管职责，加强对电力建设施工中外包工程项目各项工作的统一协调管理，严禁工程项目违规分包、转包、以包代管行为，并针对起重机械的特点，制定安全技术措施，做好安全技术交底和施工现场安全管理的监督检查，及时发现和制止违章行为，做到安全管理和监督不留死角。今后安装和使用炉膛检修平台时，应严格遵守电业安全工作规程、电力建设安全规程及施工升降机安全规则的规定，并及时组织有关人员学习上述规程和规定。

（3）山东电建三公司、山东莱建公司、中节环公司及郑州立达公司等施工单位要强化对特种设备作业人员的安全培训和管理，加强员工遵章守纪和自我防护意识，不断提高员工的整体素质。对起重机械的操作人员及相关管理人员要严格按照国家有关特种设备的规定做到持证上岗。江苏能建公司要切实做好售后服务工作，做到想用户之想、急用户所急，密切配合用户做好炉膛检修平台安装、维修、使用和报检等各项工作，确保特种设备安全运行。

（4）坚守安全生产"红线"，落实"党政同责、一岗双责、齐抓共管"要求，加强电力行业安全监管，落实各级安全生产责任制，把保护人的生命安全作为头等大事、第一位职责来抓，保证各项安全生产措施要求落到实处、见到实效。

（5）立即开展电厂检修、环保技改工程专项安全大检查。各电力企业要以"保人身安全"为目标，对照"安规"、作业环境本质安全管理相关规定、作业指导书等要求，对正在进行的和即将开展的检修和环保技改工程进行一次全面深入的安全大检查和隐患排查治理，重点检查炉膛检修平台、各类脚手架的安装和使用情况，高处作业、起重作业、受限空间作业、交叉作业、动火作业情况，安全用电情况，"两票"执行情况，以及外包工程对上述作业的落实情况等。对查处的各类问题要实行"零容忍"，切实消除影响人身安全的各类隐患，坚决杜绝人身伤亡事故的发生。

十三、安阳兴源物资有限责任公司"5·20"亡人事故

（一）事故简述

2014 年 5 月 20 日，山东三佳钢板仓开发有限公司（以下简称山东三佳公司）在大唐安阳发电厂（以下简称安阳电厂）厂区安阳兴源物资有限责任公司（以下简称兴源公司）6 号干灰库内清灰作业时，干灰坍塌埋人，造成 3 人伤亡事故，直接经济损失约 98.5 万元。

（二）事故经过

5 月 5 日，兴源公司与山东三佳公司签订了"干灰库清灰维修工作"的合同和安全协议，双方共同完成了对施工作业"三措一案"（组织措施、技术措施、安全措施和工程施工方案）的审批。兴源公司于 5 月 16 日、19 日分两次对山东三佳公司作业人员培训，考试合格后，为其办理了准入手续，签发了工作票据等作业前的相关手续。

5 月 20 日，兴源公司负责人对山东三佳公司作业人员进行了安全技术交底，监督其劳保用品配备到位后，于 16：30 左右开始作业。山东三佳公司在承包兴源公司 6 号干灰库清灰作业中，按施工要求每 3 人一组，每组 10 分钟进行施工作业，当第三组施工人员进入灰库作业大约 5 分钟时发生煤灰坍塌事故，造成 3 人伤亡事故。

事故发生后，山东三佳公司项目负责人张××在 5.5m 高平台上发现干灰突然从步道散落下来，并伴有人呼救，急忙赶到作业平台人孔口，发现有两个人小腿并排卡在人孔口内，其他部位埋在干灰仓内。张××立即组织人员施救，并电话通知兴源公司，兴源公司得知后，立即组织人员进行现场救援，随后赶到的救护车将 3 名作业人员送往医院进行抢救。18：20 左右，伤者吴××经抢救无效死亡；周××经 8 天抢救后，于 2014 年 5 月 28 日 08：00 左右死亡，胡××经医院检查无碍。

（三）事故原因

1. 直接原因

山东三佳公司项目负责人张××违反《施工方案》《技术措施》的有关规定，应指挥作业人员从库顶进入，自上而下进行逐层清灰，在施工装备（绞车、锁绳器）不到位的情况下，但张××违章指挥作业人员吴××、周××和胡××从 11.5m 处人孔口进入干灰库进行清灰作业，是导致该起事故发生的直接原因。

2. 间接原因

（1）山东三佳公司在项目前期培训阶段，未告知作业人员项目施工过程中存在

干灰坍塌的可能性。

（2）现场指挥人员未按照拟订的施工方案要求，违章指挥作业人员从 11.5m 处人孔口进入灰库进行作业；施工前期未按拟订的检修技术措施配备相应的安全防护用品及施工装备（绞车和锁绳器）。

（3）山东三佳公司人员配备及管理存在较大缺陷，在 5 月 16 日入厂培训后，山东三佳公司擅自将负责技术的人员调离，致使该项作业在无专业技术人员的情况下进行，为事故的发生埋下隐患。

（4）山东三佳公司安全管理人员未履行安全生产监管职责，及时制止和纠正违章指挥、违章操作、违反劳动纪律的行为。

（5）受限空间安全作业票中危险因素识别不全面，作业部门安全主管未辨识出该作业可能出现的坍塌风险，未针对坍塌危害因素制定相应的安全措施。

（6）安阳兴源公司在项目作业前对山东三佳公司的"三措一案"进行了审核，但现场监督管理人员未严格落实"三措一案"相关安全技术措施，对作业过程中违反施工方案，从灰库 11.5m 处人孔口进入库内作业的方式给予及时制止（正确方式应从库顶部真空释放阀进入）。

（7）兴源公司对现场监督管理人员管理不到位，导致监督管理人员监管过程中存在较大疏漏。

（四）防范及整改措施

（1）山东三佳公司通过此次事故，进行深刻反省，将安全生产纳入公司管理第一位，建立健全安全生产各项规章制度，对员工的安全生产教育要做到常态化、经常化，提高安全操作技术水平，增加防护能力，确保自身和他人的安全，杜绝违章指挥违章作业，防止安全生产事故的发生。

（2）兴源公司应分析事故发生的原因，总结经验教训，将安全生产教育落实到每个班组、每个人，不能流于形式。

（3）兴源公司应加强外包项目的管理，把安全生产工作放在第一位，规范从业人员资格，认真贯彻执行安全生产法律法规和规章制度，进一步健全完善安全生产责任，从严落实安全生产各项措施，强化安全生产教育培训工作，提高安全生产监管能力。

（4）兴源公司应通过此次事故，加强对外包单位执行劳动保障法律法规的监督，规范劳动用工行为，按要求为劳动者办理社保手续，足额缴纳社会保险费用，确保劳动者的人身权益不受侵害。

十四、北京巴布科克·威尔科克斯有限公司承建大坝电厂 2 号锅炉燃烧器改造工程"6·6"一般高处坠落事故

（一）事故简述

2014 年 6 月 6 日，北京巴布科克·威尔科克斯有限公司承建的大坝电厂 2 号锅炉燃烧器改造工程施工中，公司一名施工人员前往自己作业地点时，为走捷径不听劝阻违章翻越隔离围栏，从行走平台拆除格栅的孔洞坠落，事故发生后经抢救无效死亡。此次事故造成 1 人死亡，直接经济损失约 80 万元。

（二）事故经过

2014 年 6 月 6 日上午 10：10 左右，北京巴布科克·威尔科克斯有限公司在承揽的大坝电厂 2 号锅炉燃烧器改造安装工程施工时，现场负责人艾××安排姚××等 4 人对 33m 南侧楼梯平台进行拆除移位为风箱安装做准备工作。首先在楼梯平台装设了钢质围栏并悬挂了"禁止通行""当心坠落"标识牌，在南侧至北侧过道装设了围栏又悬挂了标识牌，安全隔离措施设置完成并确认后，开始拆除了南侧过道的格栅板一块，姚××将拆下的格栅板准备加固在钢质围栏处。10：05，林××站在楼梯平台围杆处准备翻越栏杆被姚××发现并制止，随后姚××转身继续工作，林××为走捷径不听劝阻违章擅自翻越隔离围栏，从拆开的孔洞掉至 18m 燃油伴热管道上。事故发生后现场施工负责人通过电话向大坝电厂领导汇报，公司领导随即赶赴现场拨打 120 医院急救电话指挥应急救援，将林××送往青铜峡市人民医院和宁夏医科大学附属医院抢救，终因伤势过重经抢救无效死亡。

（三）事故原因

1. 直接原因

（1）死者林××不遵守劳动纪律，为走捷径不听劝阻违章翻越通道口隔离栏杆，在通过行走平台时从已拆除格栅的洞口坠入下方发生事故。

（2）施工单位在施工平台下方无平面防护措施，导致死者从高空直接坠至 18m 燃油伴热管道上摔伤经抢救无效死亡。

2. 间接原因

（1）施工企业对从业人员安全教育培训不到位。无安全培训计划和培训内容；无入厂和"三级"安全培训资料；职工安全意识淡薄，不熟悉工作环境，风险防范能力差。

（2）现场安全隐患管控措施不到位。作业场所无拆除设施禁止通行警示、警告、禁止通行标识牌；通道口未采取安全封闭措施，现场无专人看护。

（3）施工企业安全管理制度执行不力。项目部对施工班组管理失控，致使员工违规、违章行为未得到有效制止；企业安全检查考核记录不全。

（4）监理单位对事故隐患排查、治理和防控不到位。未组织安全管理人员、工程技术人员审核施工安全方案排查事故隐患；未建立隐患信息档案，并按照职责分工实施监控治理。

（四）防范及整改措施

（1）北京巴布科克·威尔科克斯有限公司要深刻汲取"6·6"生产安全事故教训，切实落实企业安全生产主体责任，做好企业职工的安全培训教育工作，提高安全管理水平和风险防范意识，杜绝"三违"现象的发生。要对施工现场安全生产工作进行全面检查，制订有效的安全防范措施，坚决遏制各类生产安全事故发生。始终把反违章、杜绝违章作为安全生产的主题，确保生产安全。

（2）武汉市华润电力工程技术有限公司要深刻吸取此次生产安全事故教训，加强对职工的安全教育培训力度，认真履行安全管理职责，及时发现隐患并排查整改。

（3）宁夏兴电工程监理有限责任公司要深刻汲取"6·6"生产安全事故教训，建立健全安全生产保障和监督体系，对危险作业的安全技术措施重新进行审理，全方位地做好施工现场安全生产检查工作，确保各项规章制度和措施落到实处，杜绝生产安全事故发生。

（4）宁夏大坝发电有限责任公司要深刻汲取此次生产安全事故教训，加大外包施工单位安全管理，确保外包单位施工安全。

十五、河南省工业防腐蚀工程有限公司"6·24"高处坠落事故

（一）事故简述

2014年6月24日，河南工业防腐公司在中电投新乡豫新发电公司7号锅炉检修作业中，作业人员在拆除脚手架时，将钢架板集中堆放在升降平台的一侧，导致平台损坏倾斜，2名工作人员随架板坠落，造成1人死亡、1人受伤，直接经济损失约92万元。

（二）事故经过

2014年6月23日17：00左右，河南省工业防腐公司驻新乡豫新发电有限责任公司现场负责人闫××为赶7号炉A级检修炉膛内脚手架拆除工程进度，在未通知业主和监理公司的情况下，私自增加并安排无证临时施工人员11人到7号炉进行脚手架拆除施工，并将拆下来的钢架板和钢管通过炉内升降平台向下运输。在施工过程中，作业人员为施工移动方便多数未固定安全带。

6月24日01：20左右，当该施工队准备将升降平台上堆放的已拆下来的299块钢架板和41根钢管运往二楼平台时，突然一声巨响，升降平台西北角垮塌。当时升降平台上载有4人，苗××和张建×在升降平台的南边安全通道上，张树×和邢××在平台的西北边。垮塌发生瞬间，张树×和邢××随塌落的钢架板和钢管等自32m高的升降平台坠落至炉底13.5m高的脚手架平台上，而苗××和张建×因正确使用安全带且升降平台垮塌时抓住临近的钢丝绳而未随之坠落。事故发生后，现场负责人闫××迅速召集人员清点人数，一边让协助管理员苗××打电话通知在外地的项目负责人史××，一边带人赶往炉底营救坠落人员，其间拨打了120急救电话。在炉底，闫××发现坠落的两人，一人意识清醒，能够回话，另一人已经不能回应。闫××在工友的帮助下先将意识清醒的邢××从炉内抬出送上等候在炉外的救护车，大约用时20分钟，第一辆救护车将邢××送往医院进行抢救。因张树×被坠落

的钢架板、钢管等杂物压在下面，120 救护人员拨打 119 请求救援，在消防大队的帮助下将张树×从塌落物下救出，随即送往医院抢救。6 月 24 日 03：50，张树×经抢救无效死亡，邢××经全力抢救，脱离生命危险。事故直接经济损失约 92 万元。

（三）事故原因

1. 直接原因

施工单位工业防腐公司现场违章指挥，超载使用升降平台，将拆除的钢架板违章集中超标准（炉膛升降平台厂家说明书规定升降平台最大设计荷载 4000kg，局部载荷≤200kg/m^2）堆放在炉膛内升降平台上，致使升降平台垮塌，升降平台垮塌时共载重 6786.1kg（包括 299 块钢架板、41 根钢管和 4 名施工人员），是最大荷载量的 169.65%；施工人员张树×、邢××安全意识淡薄，违章作业，安全防护不到位，未正确使用安全带是引起这次事故的直接原因。

2. 间接原因

工业防腐公司安全管理缺失及安全防护措施不到位，安全教育培训不到位，擅自使用无证人员进行登高作业，未能及时发现员工高处作业未使用安全带等事故隐患。

（四）防范及整改措施

（1）河南工业防腐公司要认真吸取本次事故的沉痛教训，立即开展公司全面的安全生产大检查，认真查找和解决安全管理工作中的漏洞。

（2）河南工业防腐公司要加强安全生产教育培训和安全交底工作，不断提升全体从业人员的安全意识和安全技能，特种作业人员必须做到持证上岗。

（3）河南工业防腐公司要加强施工现场管理，坚决杜绝违章、违规、冒险作业，确保安全施工。

（4）新乡豫新发电有限责任公司要加大对外包工程队伍的监管力度，严格落实安全生产相关法律法规，强化安全监管，杜绝安全生产事故的再次发生。要认真落实外协队伍从业人员的三级安全培训制度，强化从业人员的安全防范意识。

（5）中电投河南电力检修工程有限公司（监理单位）要加大现场施工作业安全检查，对容易发生安全事故的部位要进行重点监控，及时发现并纠正施工过程中的违法、违规、违章行为，彻底排除各类事故隐患，防止类似事故的再次发生。

十六、广西壮族自治区苍梧县水利电业有限公司"7·9"人身触电伤亡事故

（一）事故简述

2014 年 7 月 9 日，广西苍梧县水利电业有限公司新地供电营业所在处理 10kV 948 下堡线 4803 古令开关故障时，发生了一起触电事故，造成 1 人死亡。

（二）事故经过

2014 年 7 月 8 日，因雷电影响导致 35kV 新地变电站 10kV 948 下堡线 4803 古令开关出现故障。

　　7月9日08：00，新地供电营业所全体员工集中召开班前会对当天工作进行了布置，派黄坚×、黄夏×、黄×三人前往故障线路段处理故障，黄坚×为工作负责人。会后，黄坚×、黄夏×、黄×先后开车前往工作地点，黄夏×因临时有事，迟一步前往工作地点，黄坚×、黄×先到三树4801开关拉闸停电（故障开关前一开关），然后前往4803古令开关故障处。当两人到达4803古令开关故障处时，没等黄夏×到达，也没有穿戴安全防护设备，就开始进行故障处理作业。他俩在工作时，虽然停了故障开关前一开关的电，但没有考虑到在48011和4803开关线路段之间，有一个电站（双头坝水电站）上网发电接入该线路段。在没有通知该电站停电和进行验电的情况下，工作负责人黄坚×擅自登杆，在4803古令开关负荷侧挂上接地线一组，当转身准备挂接4803开关电源侧接电线时被电击，发生触电，倒挂在杆上。在场的黄×马上汇报新地供电所副所长钟××，要求立即通知停电，并拨打120急救电话。钟××在接报后与所长区××一起，立即通知35kV新地变电站跳开10kV下堡线948开关，并赶赴现场。到达现场后，验电发现还有电，即想起该线路段有个小水电站（双头坝水电站）接入，马上通知该水电站停电。然后，在4803古令开关验电确认无电压后，在电源侧挂上接地线一组，并组织现场人员将触电者放到地面上，由已经赶到现场的医务人员对触电者进行抢救。黄坚×经抢救无效死亡。

　　（三）事故原因

　　1. 直接原因

　　广西苍梧县水利电业有限公司新地供电营业所员工在工作过程中安全意识淡薄，缺少现场监管，在当班组工作人员没有到齐的情况下，检修工作负责人黄坚×，违反《电力安全工作规程》的规定和广西水利电业集团《现场工作确保安全"十动作"》等规章制度的规定，在登杆作业挂设接地线前没有对工作点导线验电，挂设接地线没有使用绝缘手套和绝缘靴，冒险作业，在带电线路上工作，导致触电身亡，酿成事故。

　　2. 间接原因

　　（1）作业班组人员职责不明确。在开出工作票安排当班作业的3名员工之中，工作负责人黄坚×不严格履行工作负责人的职责，明知其中1个具备工作现场监护能力的人员黄夏×还没到达工作地点，只有1个还没具备熟练操作技能和足够业务知识的跟班新员工黄×在场的情况下，包揽了应在其监护下执行安全技术措施的熟练员工黄夏×的任务，违规不验电就进行挂接地线的工作。

　　（2）基层生产管理人员存在严重的过失。新地供电营业所副所长钟××为勘察负责人，现场勘察流于形式，在勘察单上漏掉了下堡线4801三村分段开关后"T"接有双头坝水电站的分支线路，工作出现重大失误。所长区××填写和审核工作票时，没有对照线路图进行认真核对，以致没有将下堡线4801三村开关至4803古令开关线路上"T"接的双头坝水电站考虑进去，接在故障线路段的双头坝分支线再次被遗漏，致使工作票上停电安全措施不全面，使作业环境处于不安全的危险状态，导致黄坚×在带电的线路上工作。

（3）电业公司（简称甲方）与双头坝水电站（简称乙方）之间没能很好地履行并网发电协议。按照双方签订的《并网调度协议》条款：1）设备检修时，"甲方变电设备供电线路计划检修或试验，应提前一天通知乙方"。2）并网程序，"必须在甲方电网线路带电后，由甲方当值人员通知乙方或乙方申请当值人员同意后方可并网"。3）"乙方并网成功后，应及时将并网时间和机组开机台数汇报甲方当值人员"。双方在具体的操作中均没有很好地遵守这些约定，导致检修线路带电，酿成事故。

（四）防范及整改措施

（1）广西苍梧县水利电业有限公司要从这起事故中认真吸取教训，举一反三开展企业安全生产工作。要认真分析事故发生的主观原因和客观原因，针对事故暴露出来的问题，认真开展职工的安全教育、培训和考核工作，提高员工的安全生产技能和意识。要认真开展安全生产大检查工作，对施工作业中各个环节进行检查，排查安全隐患，清除安全隐患，做好安全防范。

（2）广西苍梧县水利电业有限公司要切实履行好安全生产主体责任，认真落实安全生产责任制，明确各部门各班组安全生产责任制，严格执行安全生产管理制度和操作规程，公司的主要负责人和安全管理人员要认真履行安全生产工作职责，经常督促检查企业安全生产实施情况，确保企业安全生产工作有效可行。

（3）广西苍梧县水利电业有限公司要认真落实加强对作业场所的现场监管工作。抓生产必须同时抓安全，作业时要落实有监护能力的人员负责现场安全管理，监督作业的全过程，公司的一切作业活动，必须有具体安全作业措施。

（4）广西苍梧县水利电业有限公司要认真落实与水电站签订的《并网调度协议》，双方严格遵守安全规范的操作流程，保证电力安全，规范电力调度和电网运行管理。

十七、赤峰市元宝山区元宝山发电有限责任公司"7·20"高处坠落一般生产安全事故

（一）事故简述

2014 年 7 月 20 日，赤峰市元宝山区元宝山发电有限责任公司发生一起高处坠落事故，造成 1 人死亡，直接经济损失 130 余万元。

（二）事故经过

2014 年 7 月 19 日，元宝山发电有限责任公司 2 号机组运行人员在本单位网上填了一份 2 号机组 1 号循环电机上导向瓦温度高的缺陷单，电气分公司电机班班长董××在接到设备缺陷单后，于 20 日 09：15 左右到达 2 号机组 1 号循环电机处进行处理，他用听诊棒听了电机的转动声音和发热情况，确认是由周围环境温度高导致电机温度上升，告诉2号机组运行人员把车间的大门打开，进行适风降温，然后董××顺着2号机循环水泵西大门离开2号机组，来到3、4号机组20m平台之间的护栏处（有目击证人）。然后董××从B汽泵南侧门口进入检修现场，从B汽泵南侧过道来到东侧护栏处，翻越栏杆后，失足掉入吊装口（此处无目击者，公安现场勘验报告显示董××在B汽泵室南侧地砖东端有多枚尘土足迹，脚尖向东，在B汽泵东侧栏杆外，13m吊装口西侧铁盖板焊接处有残缺足迹）。当时，汽机分公司水泵班工人王××、杨×、李×、谭×四人正在进行四号机凝泵检修作业，这时突然听到"噗"的一声（声音很闷），紧跟着从上面散落下来大量灰尘弥漫在几个作业人员的头顶上方，好像有东西从上面掉在了南侧的-4m平台，杨×喊了一句："谁啊？下面有人干活呢！"等灰尘散尽了，王××发现-2m平台上有个安全帽，附近还有只工作鞋，然后用手电向下一晃，发现-4m平台上有件工作服，当手电往回收时，又发现工作服下方有只没穿鞋的脚，才知道刚才掉下来的好像是人，喊了一句："掉下来的好像是个人。"王××和谭×通过南侧钢梯来到-4m平台，扒开工作服露出了一个人的头部，经过辨认，谭×说："好像是机电班的董××"。王××用手试了下，感觉还有呼吸，就到-2m平台告诉李×拨打120急救电话，杨×打电话通知班长郑××，王××给汽机分公司经理许××打的电话，10分钟后，120急救人员赶到现场，用担架将董××抬上救护车，在元宝山中医院经抢救无效，临床确认死亡。

（三）事故原因

1. 直接原因

董××违规进入已经设置临时区域隔离栏杆的4号机13m平台，从吊装口坠落，是事故发生的直接原因。

2. 间接原因

（1）元宝山发电有限责任公司4号机汽机凝泵检修13m吊装口安全设施不完备，以盖板覆盖，未设置永久性固定栏杆，在检修期间拆除盖板后，仅设置了临时隔离栏杆，未设置牢固的临时遮栏。

（2）事故发生的4号机汽机凝泵检修13m吊装口检修作业隔离围栏仅设置手写的纸板作为警告标识，未按要求设置符合制作规范的明显的警告标识。

（3）汽机分公司水泵班组凝泵工作组在4号机13m吊装口吊装机械密封作业完成后，在吊装口无牢固遮栏的情况下未及时将盖板恢复，也未在吊装口设置安全监护人员。

（4）汽机分公司水泵班组编制的作为指导作业的检修施工作业方案《4号机组A凝结水泵检修文件包》内"危险点分析"事项中，未对13m平台吊装口拆除盖板后防止人员坠落进行分析并提出安全可靠的安全预防措施。

（5）元宝山发电有限责任公司电气分公司未严格执行工人安全三级教育培训规定，董××2014 年 5 月由水工分公司电气检修班调整到电气分公司电机班后，车间级班组级安全教育培训内容不全，未针对新岗位的生产特点、作业环境、危险因素、防范措施以及事故应急措施等进行教育培训，工人对本岗位及周边环境、设备设施存在危险认知不够，识险避险能力低。

（6）元宝山发电有限责任公司安全监管人员未严格履行安全监管职责，2014 年 7 月 19 日、20 日两天无安全监管人员到事故发生作业地点进行监督检查，对 4 号机凝泵检修 13m 平台安全防护遮栏不完备、警示标志设置不规范、在未恢复盖板时未设置安全监护人等重大安全隐患未及时发现并处理。

（四）防范及整改措施

（1）责令元宝山发电有限责任公司完善作业现场安全设施设备，所有升降口、大小孔洞、楼梯和平台，必须装设不低于 1050mm 高的栏杆和不低于 100mm 高的脚部护板。如在检修期间需将栏杆拆除时，必须装设牢固的临时遮栏，并设有明显警告标志，并在检修结束时将栏杆立即装回。

（2）元宝山发电有限责任公司要依据作业场所，设备、设施可能产生的危险、有害因素不同，根据《安全标志及其使用导则》（GB 2894—2008）的要求，分别设置明显的、符合制作标准的安全警示标志进行张贴悬挂，严禁使用非标准警示标志牌。

（3）元宝山发电有限责任公司要严格落实各项安全检查制度，完善管理体制，严禁出现安全监管人员空岗、漏岗现象，做到检查有记录，落实整改有专人负责。严格落实各级安全监管人的监管责任，及时发现作业现场存在的安全隐患，并督促落实整改。

（4）责令元宝山发电有限责任公司按照《安全生产法》《生产经营单位安全培训规定》的要求，做好工人"三级"安全教育培训工作，对在本单位内调整工作岗位或离岗一年以上重新上岗的工人，应当重新接受车间（工段，区、队）和班组的安全培训，告知工人作业场所和工作岗位存在的危险因素、防范措施及事故应急措施，提高工人识险避险能力。

（5）责令元宝山发电有限责任公司按照《电业安全工作规程》热力和机械部分 GB 26164.1—2010 的要求，严格履行工作票工作负责人即工作监护人制度，工作负责人必须始终在工作现场认真履行监护职责，检修工作票安全措施应周密、细致、不错项，不漏项。

十八、上海申澄仓储有限公司"7·24"机械伤亡事故

（一）事故简述

2014 年 7 月 24 日，浦东新区海徐路 1181 号上海申澄仓储有限公司（以下简称申澄公司）输煤转运站内发生一起机械伤害事故，造成上海懂友机电安装有限公司（以下简称懂友公司）工人庄××1人死亡。

（二）事故经过

7月24日06:20左右，懂友公司清扫负责人蒋××安排庄××、贵××、胡××、余××4人负责2号碎煤楼的清扫作业，其中庄××为现场带班负责人。06:35左右，2号碎煤楼的输煤系统11D皮带输送机开始进行燃料煤加仓作业，07:00左右，加仓结束，巡视人员邓××拔掉11D皮带输送机的就地箱熔丝，准备安排清扫作业。07:06左右，负责清扫皮带输送机尾部掉落在坑内碎煤的庄××和贵××进入楼内准备清扫，胡××和余××留在车间外清理地沟内煤泥。庄××进入碎煤楼后，拿了铲子走到11D皮带输送机尾部，在皮带输送机断电后因惯性尚在惰转下，钻进防护网，被皮带卷入尾部滚筒挤压，贵××发现后马上走近查看，看到庄××弯曲躺倒在滚筒下方坑内，没有动静，皮带输送机已经停止转动，就马上跑出碎煤楼叫人，有关人员接报后马上赶到现场，并拨打了110和120，120到现场后确认庄××已经死亡。

（三）事故原因

1. 直接原因

庄××违反清扫工作安全规定，在皮带输送机尚未停止转动的情况下，钻进防护罩内清扫，被卷入挤压死亡。

2. 间接原因

（1）皮带输送机的防护罩安装有间隙，体形较小的工人弯身可以穿过，存在事故隐患。申澄公司未能有效督促、指导懂友公司加强事故隐患排查治理工作，懂友公司未及时发现、报告和消除该事故隐患。

（2）申澄公司对外包单位人员安全教育培训不到位，安全管理规章制度规定执行不到位。

（四）整改防范措施建议

（1）申澄公司要进一步落实安全生产主体责任，加强对外包单位事故隐患排查治理工作的指导、督促，加强生产作业现场的安全检查和管理，及时发现和消除安全防护缺陷等各类隐患。

（2）申澄公司要进一步加强从业人员安全教育和培训及安全交底工作，并加强作业现场管理，及时发现和制止各类违章作业行为，确保各项安全规章制度和操作规程得到严格落实和执行。

（3）懂友公司要加强对作业现场经常性的事故隐患排查治理工作，发现存在的事故隐患及时报告、整改，将事故隐患解决在萌芽状态。

（4）懂友公司要进一步加强从业人员的安全教育和培训工作，增强和提高从业人员的安全生产意识和安全操作技能，避免类似事故的再次发生。

十九、青海桥头铝电股份有限公司"8·13"起重机械事故

（一）事故简述

2014 年 8 月 13 日，福建龙净环保股份有限公司在青海省投资集团所属青海桥头铝电股份有限公司 1 号电除尘改造项目施工中，发生吊塔倾翻的机械伤害事故，造成 1 人死亡。

（二）事故经过

2014 年 8 月 13 日 08：03，福建龙净环保股份有限公司在青海桥头铝电股份有限公司发电分公司 1 号炉电除尘环保改造项目施工过程中，塔式起重机操作人员马××在使用塔式起重机吊装电除尘改造材料（封喇叭口铁板）过程中，塔式起重机基础失稳，导致塔式起重机倾覆，造成地面现场焊接作业人员李××、王×、塔式起重机司机马××三人受伤，经救护人员送往大通县人民医院抢救，李××经医生抢救无效死亡，伤者王×送往青海大学附属医院救治，伤者马××送往青海省第四陆军医院救治。

（三）事故原因

1. 直接原因

塔式起重机在未办理安装告知、非法安装、未经检验、未注册的情况下非法使用该特种设备。

塔式起重机机主陈×以甘肃嘉兴建筑机械有限公司名义租赁给福建龙净设备安装公司的塔式起重机为非法安装，提供虚假的检测报告，塔式起重机在超载状态下工作，安全保护装置失效。塔式起重机机主陈×未按照合同及技术规范要求对塔机基础进行加固致使塔机在起吊重物过程中倾覆。

2. 间接原因

塔机操作人员马××在吊运物重量（事后吊运物称重：5.02t）不明确、指挥信号不明确、安全装置失效的前提下进行吊运；吊运过程中，塔机在有明显晃动的情况下，塔机操作人员马××处置不当，加快了塔机倾覆的速度。死者李××为现场指挥员，对吊装重物重量估算不明，致使超载吊装。

（四）防范及整改措施

（1）加大特种设备法规宣传，提高全社会特种设备安全意识。

（2）青海桥头铝电股份有限公司、福建龙净环保股份有限公司应加强起重机械等特种设备的日常安全管理和安全教育，并严格按操作规程使用和维护特种设备。

（3）青海桥头铝电股份有限公司、福建龙净环保股份有限公司应以该起事故为警戒，依法办理安装告知、监督检验及注册等级。

（4）福建龙净环保股份有限公司、福建龙净设备安装有限公司应加强内部管理，对本单位租用的特种设备的资料真实性进行核实。

（5）福建龙净环保股份有限公司、福建龙净设备安装有限公司在今后的工作中应依法通过正常途径合法租赁特种设备。

（6）各特种设备使用单位应依法建立岗位责任制，建立特种设备安全技术档案，安全管理人员应对特种设备使用状况进行经常性检查，确保特种设备使用安全。

（7）特种设备安全监督管理部门应加强特种设备安全宣传教育，普及特种设备安全知识。

（8）特种设备使用单位的上级管理部门应严格落实企业的安全生产主体责任，牢固树立特种设备安全法制意识，督促企业自觉履行《特种设备安全法》规定的各项义务和责任。

二十、国电宝鸡发电有限责任公司"8·25"人身触电伤亡事故

（一）事故简述

2014年8月25日，国电宝鸡发电有限责任公司电控部作业人员在处理5号机除尘变温控器显示缺陷过程中，外接220V电流时不慎触电，造成1人死亡。

（二）事故经过

8月25日07：55，运行人员发现5号机除尘A变温控仪故障。变配电班工作负责人刘×开具工作票，因工作内容和工作措施有误，工作票两次被运行人员退回。14：51，当值值长批准电气一种工作票"5号机除尘A变（57A）检查"消缺处理除尘A变温控器显示黑屏缺陷，工作班为变配电班，工作负责人刘×，工作组成员钟×。16：20，工作许可人常××和工作负责人刘×共同检查安全措施无误并办理开工手续。

19：40，工作负责人刘×到现场向工作组成员钟×进行"两交底"后开始工作。该变压器温控器和4个冷却风机共用一个16A空气开关，初步判断为4个冷却风机中的一个故障造成空气开关跳闸，温控器面板电源失去，显示黑屏。计划将变压器4台冷却风机由原来一个16A空气开关控制改为4个3A空气开关分别控制，便于今后检修和故障判断。工作过程中发现其中一台冷却风机风扇卡死且电机线圈开路。约21：20，工作负责人刘×回班组找风机备品，离开时向钟×交代他去取备品让钟×休息一会，等他回来后继续工作。

22：10，当刘×回到配电室作业现场时，发现钟×趴倒在地面上，面部周围地面有血迹，左手拿着一根导线，身下压有一根导线，判断为触电。刘×立即拔下接在检修电源箱上的电源插头，打电话汇报值长呼救，随后汇同赶到现场的运行人员轮流用心肺复苏法进行抢救。22：23，公司值班医生和救护车到达现场进行急救，继续实施心肺复苏术并送往医院，在第三陆军医院经抢救后，医生确认钟×已无生命体征，诊断死亡。

（三）事故原因

1. 直接原因

当事人钟×安全意识淡薄，自我防护意识差，违章作业。在无人监护的情况下用试验用导线接取检修电源，取电过程中，违反先接线后送电的作业程序，也未戴防护手套，双手持带电导线发生触电。

2. 间接原因

（1）工作负责人未尽到安全责任。未按照《电力安全工作规程》5.6.2 条、5.7.1 条"工作负责人、专责监护人应始终在工作现场，对工作班成员进行监护""工作间断时，工作班成员应从工作现场撤出，所有安全措施保持不变"规定，在离开现场时未要求工作班成员撤离作业现场，工作班成员失去监护。对本次消缺工作中使用试验用导线接取检修电源失去监督纠正。

（2）检修消缺工作安排不当。计划工作时间到第二天 16：00，且 5 号机组处于停备状态，时间充裕，但安排夜间工作，人员状态与工作环境都难保证。备件准备也不充分，工作中工作负责人长时间离开现场取备件，使检修工作实际处于间断状态。

（3）变压器冷却系统电源设计不合理。该变压器冷却风机电源取自变压器低压侧母线，冷却系统检修时需将变压器停电，同时冷却风机电源失去，需要外接检修电源。

（四）防范及整改措施

（1）开展安全生产大整顿活动，彻底消灭行为和装置违章。在全公司开展为期半年、以"全员全面深入反违章"为主题的安全生产整顿活动，深入查摆人员行为违章，全面排查现场装置性违章，形成违章清单，对违章进行"立查立改、边查边改"，彻底消除作业性违章、指挥性违章、管理性违章、装置性违章。学习和借鉴中央反腐经验，积极探索和建立"不能违、不敢违、不想违"的反违章长效机制。

（2）加强检修管理，消除作业过程风险。加强消缺管理，重点是落实好消缺工作的组织措施、技术措施、安全措施，严肃执行作业纪律和工艺程序，严肃执行作业前"两交底"、危险点预控工作，严肃劳动防护用品使用，严肃作业过程监护，确保作业过程规范有序。加强消缺前诊断分析，从人员准备、技术准备、备品配件准备等环节做好消缺工作前准备工作。

（3）加强设备管理，排查消除设备隐患。全面排查梳理设备存在的隐患，设立设备隐患治理台账，分级进行综合治理。规范设备异动管理，当生产设备、系统需要发生异动时，必须严格履行设备异动办理程序。加强技改、检修设备各环节技术把关，杜绝存在隐患设备投入运行。

（4）强化安全教育和安全文化建设，提高员工安全和规章意识。深入开展安全警示教育，加强安全法律法规、安全规章制度、上级安全文件的学习，提高员工安全红线意识，提高自保、互保意识和安全防护水平，使员工深刻体会安全生产是自己最大的切身利益，自觉不断地提升自我安全防护能力。

（5）加强人员技术培训，提高员工技能素质。做好员工岗前技术培训管理，有针对性开展专业技术知识、技术规程的学习，通过技术讲课、现场考问讲解、技术规程考试等培训形式，提高员工技术水平和自我防护能力，确保员工业务技术素质满足作业要求。

二十一、三亚供电局"8·27"外施工单位一般人身事故

（一）事故简述

2014年8月27日，海南通天国际工程公司在海南省三亚市海棠湾镇进行海南三亚供电局10kV台变改造工程施工时，发生外包单位人员触电事故，造成1人死亡。

（二）事故经过

8月26日，通天国际海棠湾片区负责人张××安排其下属阳××27日负责长岭台区低压线路展放工作。

27日早上07：30，张××安排站班会内容是长岭台区上低压线路展放。站班会以后阳××带领其班组员阳×、张×等一行5人对长岭台区的低压线路展开工作。10：00左右，现场负责人阳××未通知三亚供电局海棠湾供电所，违规擅自安排工人断开长岭变台高低压开关，并指挥张×登上变台副杆安装了4根抱箍，准备将低压导线挂接在抱箍上为便利后续变台拆装后挂接低压接线。10：20左右，张×接着开始拉线，准备要将电线挂接在抱箍上，在扶线过程中，张×突然向带电侧转身，由于右手摆动过大，误碰到变压器台架带电的高压C相引下线，造成触电。变压器台架高压侧C相和B相引下线烧断，张×在安全带的作用下挂倒在横担上。

10：30，在现场监护的现场施工负责人阳××发现张×触电后立即组织人员用滑车将张×从台架上移放至地面，并采取应急救治措施，同时致电施工队长张××（上级主管人员）汇报情况，并报110及120。10：40左右张××赶到现场，致电三亚供电局海棠湾供电所长岭队台区负责人陈××尽快将长岭支线停电。11：03，陈××在接到施工队张××电话报告后立即驱车到10kV海田线爱泉支线长岭分支线16号杆处跌落开关进行停电操作。11：26操作完毕。

11：10，120救护车赶到现场检查抢救，并将张×，送上急救车送往三亚市农垦医院。11：35分，120急救中心宣布张×死亡。

（三）事故原因

1. 直接原因

在10kV线路未停电的情况下，现场负责人阳××违章指挥施工人员张×登上长岭队变台副杆；张×冒险攀登未停电的长岭队变压器台架副杆，触碰变压器台架带电的高压C相引下线，造成触电死亡。

2. 间接原因

（1）施工单位的施工方案未细化到具体变压器台区，现场负责人阳××仅凭经验，在变台改造施工时为了组立新副杆后挂接线施工便利，违章指挥施工人员登上

带电台架违章作业。

（2）现场负责人阳××完全不具备工作负责人资格，没有参加过三亚供电局组织的"三种人"安规考试，也没有参加过三亚供电局组织的基建人员技能培训上岗考试，据实际笔录过程中了解，阳××仅会写自己姓名，并不识字，却在施工单位组织的安规考试中获得 100 分。

（四）防范及整改措施

（1）立即组织进行基建工程停工整顿，全面开展基建安全自查、复查工作。采取对三亚供电局辖区基建项目和通天国际电力工程有限公司承接的海南在建项目停工整顿措施。随后，决定对海南所有配网工程进行停工整顿，对其他施工项目进行安全自查，省公司组织复查。

（2）立即开展一次公司系统基建、生产、营销工程项目施工现场专项安全检查。重点检查项目部及资质审查、转包分包的情况、安全合同及交底、劳动保护及行为、施工方案及安全技术交底、安全文明施工、工作票及安全监护、现场作业人员、工器具及施工机械具、施工用电、防火防爆、工程监理、安全管理及施工班组等内容。

（3）组织开展 2014 年公司系统基建系统全体人员普考，提高基建系统各级人员岗位履职能力。11 月中旬完成。普考内容：网公司《中国南方电网有限责任公司基建管理规定》《中国南方电网有限责任公司基建管理办法》。

（4）按照《海南电网公司 2014—2015 年基建管理人员和监理、施工人员持证上岗工作推进方案》（基建〔2014〕56 号）要求，认真组织施工、监理单位管理人员和施工作业人员全员参加持证上岗的技能上岗培训及安规考试工作。

（5）开展基建承包商安全活动季工作。

1）编制并下发《海南电网有限责任公司 2014 年基建承包商安全活动季方案》；

2）通过"关爱生命，关注安全"为主题，以"思想整治""到位整治""违章整治""隐患整治"为主要内容，开展承包商项目部整顿、资信评价考核、安全隐患整改，组织学习，增强安全意识，提高作业技能、作业行为，进一步规范现场作业秩序；

3）健全施工项目部组织机构，完善承包商安全及人员信息库。人员到岗到位，增强风险意识和责任意识，加强安全工器具、施工机（械）具等管理；

4）开展飞行检查，加大对施工现场违章行为的查处力度，规范执行施工现场"四步法"，落实基建安全各项措施，确保工程安全施工；

5）建立承包商安全管理长效机制，使施工作业现场的安全管理得到根本性好转，实现对人身安全风险的有效预防与控制，从根本上消除人身安全事故隐患，有效防范人身事故的发生。

（6）明确供电所参与配网建设工作职责。利用海口、文昌供电局开展直属机构职责梳理为契机，梳理配网业主项目部与供电所的工作职责，明确供电局配网业主项目部与供电所参与配网建设工作职责及管理界面。

（7）成立基建专项安全检查领导小组，全面开展安全排查工作。对所有在建项目开展"五个严禁"检查，对现场安全"四步法"、施工机具"八步骤"落实情况，安全学习培训情况，人员持证上岗情况进行检查。重点是对施工管理人员资质、身份进行全面核查。

（8）开展一次对基建现场安全"四步法"、施工机具"八步骤"落实情况的全面检查。重点检查施工单位现场安全"四步法"执行情况，是否做好现场安全风险差异化分析及防控措施，以及施工机具登记、报审、管理台账建立等。同时，检查监理单位的到位监督情况，对落实不到位的施工、监理单位进行严厉扣分处罚。

（9）严格落实网省公司关于施工人员 100%持证上岗、安规考试合格方可进场作业的要求。组织各施工管理及作业人员参加持证上岗资格认证考试，不通过者清理出施工队伍，加强施工管理和作业人员资质审查工作，杜绝无资质人员上岗。

（10）切实落实《业主项目部工作手册》，提升业主项目部人员的履职能力。

1）组织基建部全体人员对《基建管理规定》和《基建项目管理办法》等规章制度进行学习并考试，并在近期内充实业主项目部人员；

2）要求业主项目部每月编制月计划，跟踪落实当月工作任务，每周梳理一次所辖工程建设存在的问题，及时协调解决工程建设过程中的各项问题；

3）供电局每月根据《业主项目部评价标准》对所属业主项目部进行考核评价。

（11）建立业主、监理、施工三方的有效协调机制。落实施工单位三级进度计划，及时跟进施工进度，做好三级进度计划调整，要求施工单位完成周计划，提前告知基建部、安监部及项目实施区域单位负责人，做到施工现场的可控在控。

（12）加强施工现场安全监督管理，加强施工作业风险管控。

1）强化现场执行安全管理制度刚性，加强对施工中高危施工作业面的风险管控。业主项目部应认真审查施工方案，重点审查施工方案的针对性、可操作性和对作业风险的分析。对风险控制措施不具体、审查不合格的施工项目，一律不允许开工。

2）严格执行《海南电网有限责任公司安全生产严重违章考核暂行办法》，加大对施工单位施工违章行为的查处，按承包商安全活动季方案组织人员对各施工现场进行检查，重点查违章行为，查各类作业风险预控措施的落实情况，查施工机具，查个人防护用品，查施工用电等检查，对发现的违章行为及时严肃处理。

（13）与施工单位签订安全补充协议，严格执行《海南电网有限责任公司安全生产严重违章考核暂行办法》，在 10 月底前完成与施工单位安全补充协议的签订工作。

（14）录制"8·27"人身事故警示教育片。按照《中国南方电网有限责任公司电力事故事件调查规程》第 5.9.4 条要求，三亚供电局负责录制"8·27"人身事故警示教育片，经公司审核同意后，上报网公司安全监察部，并下发给公司系统各单位进行学习。

二十二、海南电网公司万宁供电局石梅湾供电所员工"9·17"触电身亡事故

（一）事故简述

2014年9月16日，石梅供电所辖区日月湾10kV高压电线路受"海鸥"台风影响发生多次跳闸断电。9月17日早上，石梅供电所派出胡××等3名员工检修线路。09：45排查完高压线路故障后，胡××在石梅日月湾10kV 12、13号杆之间用绝缘电棒把柱上储能开关合上时，高压线接头处瞬间产生火花，其中一条高压线燃烧断，电流从电线杆导下把胡××击亡。

（二）事故经过

9月16日19：28，受台风"海鸥"影响，万宁供电局110kV新梅站10kV日月湾线过流保护动作跳闸（保护动作跳闸后该线路抑制处热备用状态）。17日08：00，万宁供电局石梅湾供电所配电班班长陈××指派班员符××、黄×断开10kV日月湾线162号杆分断开关后，副所长吴××召集全体人员对所辖范围内跳闸线路安排巡线。其中将5名供电所员工分2组负责对10kV日月湾线进行巡线，第1组符××、黄×负责巡查该线162—255号杆；第2组潘××、庄×（供电所安全员）、胡××负责巡查该线1—162号杆。

08：34，陈××、唐××和林××巡查1—12号杆段未发现异常后向翁××报告，翁××在没有向调度报告的情况下，随即要求陈××断开安装在10kV日月湾线12、13号杆之间的分段开关，08：50陈××操作完毕。08：59，翁××向调度申请试送110kV新梅变电站10kV日月湾线1—162号杆段（实际只送到10kV日月湾线12号杆）。09：03，变电运行所巡操班合上10kV日月湾线1054开关，该线1—12号杆段送电正常，吴××电话通知严×1—12号杆段已送电，并叮嘱注意巡线安全。

09：30左右，第2组巡查该线13—162号杆完毕未发现异常，返回石梅湾供电所，严×当面向吴××汇报并电话向翁××报告，吴××、翁××均同意第2组合上12号杆分段开关对10kV日月湾线中段线路（即12—162号杆段）试送电。

09：45，胡××戴安全帽、穿绝缘靴、佩戴绝缘手套使用绝缘操作杆对12号杆分段开关进行合闸操作（万宁市公安局接警后对现场进行勘检，并将以上物件作为物证归档保管，并已出具提取证物证明文件），开关合上后，开关负荷侧B相引线在支柱绝缘子处发生电弧火花燃烧（后发现B相引线烧断，据查发生电弧时，110kV新梅变电站10kV日月湾线线路保护装置发母线接地信号的报文时间为09：45：08和09：45：15，胡××见状本能后退不慎跌倒后抽搐，严×曾伸手准备施救时有触电感觉，立即跑开。

09：46，在发现电弧火花熄灭后，严×按照心肺复苏法对胡××进行施救直到120医生赶到现场。潘××电话向吴××报告后，与严×一道轮流对胡××进行施救。09：47，翁××立即拨打120求救。09：54，翁××向局安监部主任朱×

和拨打电话因占线无法接通后，随即向局设备部主任许××报告，然后吴××、翁××一起跑往现场（现场距供电所约 200m），吴××赶到现场后，也投入对胡××的施救工作。10：15，市人民医院急救人员到达现场接替进行抢救，其医生单腿跪地按照心肺复苏法对胡××进行施救，医院急救人员施救时已没有心跳和呼吸。

（三）事故原因

1. 直接原因

10kV 日月湾线 12 号杆开关负荷侧 B 相支柱绝缘子长生间歇性弧光接地，电流通过潮湿电杆传入大地，在电杆周围产生电场分布，当操作人员胡××受惊吓意外跌倒后，身体大面积接触地面，因跨步电压造成触电死亡。

2. 间接原因

（1）石梅湾供电所所长翁××违反《海南电网公司中低压配电运行管理标准实施细则》第 5.4.3.1 款"配电线路和设备新增、更换、拆除等，必须办理设备异动手续"规定，以"快速隔离线路故障，保障供电所办公用电"和"方便线路停电作业，逃避调度监控，不履行停电许可手续"为由，在未办理配网设备变更及异动申请手续的情况下，擅自指派员工在 10kV 日月湾线 12 号杆上安装一台"三无"开关（无图纸、无编号、无运行记录），时至事发日均未上报供电局设备管理部门和调度部门，导致该开关完全失去正常的设备管理和调度管理，而且该开关未经正规设计，安装不规范，开关外壳没有接地，不符合安全运行要求，留下重大事故隐患。

（2）开关的安装工艺不符合《10kV 及以下架空配电线路设计技术规程》（DL/T 5220—2005）第 12.0.3 款"柱上断路器应设防雷装置……其接地线与柱上断路器等金属外壳应连接并接地……"供电所配电班工作人员在安装 12 号杆分段开关时，没有安装避雷器、设备外壳没有接地，也没有独立的接地装置；而且开关 B 相引线绑扎也不规范（现场用裸铝线缠绕绑扎），存在引线绑扎处形成涡流回路引起电缆线路发热烧坏绝缘层、引线电气间隙和绝缘距离不足运行风险。

（3）10kV 日月湾线 12 号杆分段开关 CT 二次回路被短接，自动脱扣功能没有投入，线路故障时开关无法自动跳闸。

二十三、海南电网公司琼海供电局万泉供电所员工"9·17"一般人身事故

（一）事故简述

2014 年 9 月 17 日，受 15 号台风"海鸥"持续影响，海南电网琼海供电局万泉供电所开始进行电力设施抢修工作，在对 10kV 石壁线失去 B 台区线路进行检查时发现有开关跌落损坏，工作人员便用竹梯登上变台架进行检查，在此过程中发生触电事故，造成 1 人死亡。

（二）事故经过

9 月 16 日 7：02，受台风"海鸥"影响，琼海供电局万泉供电所管辖的 10kV

石壁线过流保护动作跳闸，重合闸不成功。

16：50，台风过后，风力减弱，万泉所配电二班出去巡查 10kV 石壁线，将该线路的三条支线（下朗支线、岸田支线、水口子支线）及四个台区（市区 A 公变、市区 B 公变、市区 C 公变、外村公变）的隔离开关、跌落式熔断器拉开。17：50，万泉所查 10kV 石壁线主线无异常后，向调度申请试送。17：55，10kV 石壁线主线恢复送电成功。18：45，对市区 B 台区公变送电，在将高压隔离开关、跌落开关合上后，合低压开关时合不上，班长朱××说因天色已晚无法检查低压线路，将跌落开关拉开后，等待第 2 天检查。

17 日 09：30 左右，万泉所配电二班班员王××、梁××开始对 10kV 石壁线市区 B 台区公变低压线路进行巡线检查工作。11：20 左右，王朝×、梁××巡线后回 10kV 石壁线市区 B 台区公变台架下准备恢复 B 台区公变送电。11：30 左右，配电二班班长朱××和王立、王林×、姚××等 4 人，完成其他工作后前往 10kV 石壁线市区 B 台区会合集中吃饭。班长朱××来到 B 台区台架下，跟王朝×确认市区 B 台区低压线路巡线检查没问题。11：50 左右，朱××要求王朝×先试送高压跌落式熔断器，王朝×按其要求先试送 A 相高压跌落式熔断器（即用绝缘操作杆将高压跌落式熔断器推到合闸处轻微触碰一下静触头，没有合到位），此时发现有放电火花，就将 A 相高压跌落式熔断器拉下，未继续操作。朱××说没事可以送，王朝×随即将 A 相高压跌落式熔断器再次合上，此时 B 相高压跌落式熔断器绝缘支架出现冒烟现象，朱××当即让王朝×将 A 相高压跌落式熔断器重新拉下。11：53 左右，朱××认为 B 相高压跌落式熔断器有问题，派梁××回石壁营业点取新的高压跌落式熔断器更换，梁××随即开车离开现场（从现场到石壁营业点来回路程需要 10 分钟），此时台变现场仅剩朱××和王朝×2 人，王立×、王林×、姚××等 3 人在公路对面的民屋前。

12：15 左右，在梁××还未把新跌落式熔断器拿回来的情况下，朱××到路对面的检修车上搬来梯子，架到台变上并登上台架，未系安全带站在 3.1m 高的槽钢上，伸出左手抓住 B 相高压跌落式熔断器下部至变压器高压接线柱的绝缘引下线摇晃了一下，并告诉台架下的王朝×螺丝松了，去找把扳手来紧一下。王朝×随即跑到马路对面，准备从停在路边的检修车上找扳手（台架在马路边），此时台架下面已经没人，只有朱××自己在台架上。王朝×在过了马路后回头望了一下，发现台变上部有火光，立即大喊一声："有电，快下来"，在接着喊第二声时朱××已经从台架上掉下来，王朝×和站在路边的王林×、王立×、姚××见状马上赶到台架下，发现朱××还有呼吸和心跳，但是眼睛无法睁开，无法说话（因朱××是触电从高空坠落，担心有其他未知伤势，故没有采取心肺按压急救措施），此时约 12：20 左右，姚××跑到约 200m 外的石壁卫生院叫医生。

13：30 左右，医生在 120 救护车上发现朱××呼吸和心跳停止后，宣布抢救无效死亡。

（三）事故原因

1．直接原因

（1）10kV 石壁线市区 B 台变 B 相高压跌落式熔断器绝缘支架的空芯绝缘芯棒内部受潮，导致绝缘芯棒内表面电阻率降低，内表面绝缘劣化，在合上 A 相跌落式熔断器时发生绝缘击穿导通。

（2）朱××违章作业，未拉开隔离开关，未验电、挂接地线，未戴绝缘手套、安全帽和未系安全带就攀登配电变压器台架冒险作业，造成接触变压器 B 相接线柱时触电。

2．间接原因

工作人员安全意识极其淡薄，麻痹大意，对遵守安全工作规程、安全技术措施的重要性认识不足。导致在工作过程中有规不守，有章不循。违反了《电力安全工作规程》和海南电网公司《确保人身安全十条禁令》《防风防汛应急工作手册》（抢修复电工作指南）等多项国家和公司安全规章制度的安全工作要求。

（四）防范及整改措施

（1）海南电网公司组织对与此次事故中同厂家、同型号、同批次的高压跌落式熔断器进行排查统计及抽检工作，对存在家族性缺陷的要列入反措计划实施整改。

（2）海南电网公司组织开展为期 3 个月以"关爱生命，关注安全"为主题的"安全生产活动季"活动，动员各供电局、生产单位、班组通过深刻吸取事故教训，集中开展系列安全生产宣传教育活动、安全隐患排查整治、推行领导干部挂点活动、安全工器具专项整治、强化安全作业"十个规定动作"等，通过安全生产季活动，促使员工从思想意识上"要我安全"到"我要安全"的转变，不断增强风险意识，提高生产技能，规范生产作业行为，推动安全生产工作健康有序开展，实现对人身安全风险的有效预防与控制，从根本上消除人身安全事故隐患。

（3）海南电网公司制定《海南电网有限责任公司安全生产严重违章考核暂行办法》。加强现场作业安全监察力度，严格按计划开展现场安全监察工作，刚性执行《海南电网有限责任公司安全生产严重违章考核暂行办法》，严肃查处不履行工作手续，不做安全措施和习惯性违章行为，并每周通报各单位严重违章行为并严厉处罚。

（4）海南电网公司规范作业行为，形成按作业指导书和工单作业的好习惯。组织开展作业风险评估，重点对配网检修抢修作业风险的危害辨识及评估，修编作业风险库，并开展基于问题的作业风险评估。全面启动"两册"作业表单应用，指导应用网省公司统一的作业指导书，每月组织开展检查，强力推动作业指导书的应用，规范作业行为。

（5）海南电网公司强化"两票"管理。做好网公司新颁发的"两票"管理规定的宣贯执行，进一步明确各级管理职责，避免管理真空。开展《电气操作导则》及《电气工作票技术规范》培训，全覆盖基层供电所，务求人人过关。组织开展"两票"规范填写竞赛，以赛促学。组织开展"两票"专项检查工作，采取交叉检查及随机抽查方式，查找"两票"管理存在的问题，重点查找各单位"两票"的执行情况，有针对性制定整改措施并总结改进，同时制定常态化"两票"检查工作计划，通过反复检查及考核，养成自觉办票的习惯，根治无票工作、无票操作的恶习。

（6）海南电网公司录制"9·17"人身事故警示教育片。按照《中国南方电网有限责任公司电力事故事件调查规程》第 5.9.4 条要求，琼海局负责录制"9·17"人身事故警示教育片，经公司审核同意后，上报网公司安全监察部，并下发给公司系统各单位进行学习。

（7）琼海供电局应开展以下防范及整改措施，见表 1-1。

表 1-1 　　　　　　　　　　琼海供电局防范及整改措施

序号	整改措施	具 体 措 施	责任单位	完成时间	完成情况
一、加强安全教育培训，提高员工安全意识					
1	开展安全规程制度考试	对于考试三次仍未通过的待岗学习。	安监部、人力资源部	9月30日	已完成
2	"两票"培训	举办 3 期"两票"培训，对供电所、变电所、输电所、计量中心、系统部人员出题考试"两票"（给出一次接线图、现场工作地点图片和任务，填写操作票和工作票），对填写、执行不合格的，进行分析、继续培训，直到其真正领会为止。对于考试三次仍未通过的待岗学习，加强"两票"的执行情况监督检查，定期检查调度指令执行情况。	设备部、人资部	10月15日	
3	"应知应会"知识技能培训考试	开展 2 期"应知应会"知识技能培训，切实提高调度、变电、输电、配电、营销等各级生产人员业务技能，组织考试，对于考试三次仍未通过的待岗学习。	人力资源部、各部门、各单位	11月15日	
4	举办员工生命自救互救培训	提升员工自救互救能力。	安监部、人力资源部、各单位	11月30日	
二、安全监察整治					
5	制定作业现场监督检查工作计划，加强安全监察工作	安全监察大队制定每周作业现场监督检查工作计划，加大现场安全监督检查的覆盖面，除计划性工作外，还要加强对临时性的工作开展现场安全监督。重点围绕"两票"及安全措施执行情况、调度指令执行情况、安全工器具使用及保管情况、"五防"使用情况、班前班后会等进行抽查。抽查率至少在 50%以上，发现违章行为，现场分析，示范纠正。同时对违章行为拍照曝光，每周在安全简报上通报，当周安全活动上检讨，将违章情况通过电话告知家属，根据违章情况进行考核及处罚。建立违章黑名单，超过 3 次待岗学习。安全监察大队每个抽查的工作任务至少抓一次违章，每少一次月度考核扣 2 分，监察大队发现违章不通报的扣除现场监察人员当月绩效。	安监部	10月10日	

续表

序号	整改措施	具 体 措 施	责任单位	完成时间	完成情况
6	制定违章作业查处管理处罚暂行方案，加大安全考核力度	对各类违章作业行为进行处罚，提高制度执行的刚性。发现无票操作无票工作、无安全措施、不认真执行调度指令，视情节轻重对所长、副所长、安全员、班长从严重警告至降职处理，违章职工待岗学习。	安监部	10月10日	
7	制定安全整改方案	针对"9·17"事故制定琼海供电局安全整改方案。重点为提高员工安全意识，规范员工安全行为。	安监部	9月22日	已完成
8	承接局安全整改方案	各生产单位根据局安全整改工作方案，编制本单位子方案，衔接局安全整改工作方案，经局领导审批通过后方可执行，报审三次未通过的单位向局长说清楚。	各生产单位	9月24日	已完成
三、安全文化建设					
9	制定安全活动季方案	承接省公司安全活动季方案，重点为提高员工安全意识，规范员工安全行为。	安监部	10月13日	
10	将9月17日定为琼海供电局的安全活动日	每年的9月17日，琼海供电局将停止一切工作，组织员工对"9·17"事故、身边的不安全行为进行安全大讨论。	安监部	10月10日	
11	开展"如何防范习惯性违章"征文比赛	全体职工按各自专业角度编写，重点针对"防触电、防坠落、防倒杆"的建议及举措。每年局安全日前开展一次。	安监部	10月20日	
12	开展安全演讲比赛	开展"关爱生命、关注安全"安全演讲比赛，"我要安全、我讲安全、我会安全"签名活动。每年局安全日前开展一次。	企管部	10月30日	
13	开展安全文化宣传活动	在局办公楼、供电所、变电站等场所将"杜绝无票操作无票工作、杜绝不认真执行调度指令、杜绝无安全措施工作"警示标语上墙，并进行宣传，观看安全警示片。以每天早上短信方式向全局人员发安全警示语，经常提醒，时刻绷紧安全弦。	安监部	10月15日	
14	员工全员开展练兵实操活动	开展输配电、变电检修、运行安全技能大比武，重点提高安全技能水平的能力。	设备部、人资部、安监部	11月30日	
15	制定安全结对活动方案	针对员工安全意识方面存在的问题，组织观看安全警示教育片，学习宣贯《电力安全工作规程》《确保人身安全十条禁令》《调度管理规程》《电气操作则》《电气工作票技术规范》等规章制度。每周五下午为安全活动学习日，要求各部门与结对单位常态学习安全生产相关管理规程制度、开展安全大讨论，不断提高安全意识。根据学习计划每周五下午将进行安全知识学习，对于不召开的部门及单位的月度绩效考核扣10分。	安监部	10月10日	
四、设备运行管理整治					
16	排查同型号的设备	各供电所对该型号的跌落开关进行排查，并安排试验，不合格的进行更换。	各供电所、设备部	12月20日	
17	加强工作计划管控	各单位每周四向设备部、安监部上报下周生产工作（含基建、计量、业扩）计划，严格执行生产计划，设备故障抢修必须上报设备部、安监部后方可进行。设备部、安监部根据计划进行抽查、监督。如发现有单位进行生产计划外工作，扣单位负责人当月绩效工资50%。	设备部、各单位	9月30日	已完成

序号	整改措施	具 体 措 施	责任单位	完成时间	完成情况
18	完善配网两图一账	完善配网 10kV 设备台账，台账内容必须含设备型号、生产厂家、生产日期、投运日期、设备状态、检修记录。编制 10kV 地理接线图、10kV 线路一次接线图，统一印刷在供电所安装上墙，同时按单线地理接线图印刷成册发给供电所运维人员，局层面还要编制 10kV 网架地理接线图。	各供电所、设备部	12月20日	

二十四、江苏海德节能科技有限公司"9·27"高处坠落死亡事故

（一）事故简述

2014 年 9 月 27 日，江苏南热发电有限责任公司 1 号机组作业区，江苏海德节能科技有限公司承建的加装 1 号炉低温省煤器施工现场，作业人员在进行烟道导流板安装作业时发生高处坠落事故，共造成 2 人死亡、1 人受伤，直接经济损失约 366 万元人民币。

（二）事故经过

2014 年 9 月 27 日 23：20 左右，陈××个体施工队作业人员张××、邓××和其他 3 名工人准备将焊接好的导流板搬到烟道内，由于导流板较重，他们无法搬动。这时，另一名作业人员邵××到烟道内取电焊条从旁边经过，张××等人就请邵××帮忙抬一下，在经得邵××同意后，张××、邓××、邵××站在导流板南侧，另外 3 人站在导流板的北侧，一起向烟道内搬运导流板，当张××、邓××、邵×× 3 人途经烟道底板上部分被割离的钢板时（此处烟道底板的部分钢板已于前一天从烟道底板上割离，但未及时运走），被割离的钢板部位无法承载所受的重量，突然坍塌，张××、邓××、邵××随坍塌的钢板向下坠落。其中，张××、邓××坠落到地面（高度约为 16.7m），邵××由于在坠落过程中拉拽到挂在旁边的电焊枪焊把线，改变方向后坠落到 13.7m 钢格网平台上。在事故救援中，现场工友发现张××、邓××都躺在水泥地面上，其中邓××还能"哼"，张××没有反应，邵××腿部受伤，随即拨打了 120 急救电话，120 救护车将 3 人送往南钢医院进行抢救，其中张××经抢救无效死亡，邓××因伤势较重转至江苏省人民医院进行抢救，于 2014 年 9 月 29 日 05：30 经抢救无效死亡，邵××因右跟骨开放性骨折、右足部皮肤撕裂伤，经南钢医院救治后于 2014 年 10 月 3 日出院。

（三）事故原因

1. 直接原因

杂工张××、邓××、邵××在 1 号锅炉烟道底板上搬运导流板时，经过烟道底板上已被割离但未采取有效安全防护措施的钢板处，被割离的部分钢板无法承受其重量，突然坍塌脱离烟道底板坠落，致张××、邓××坠落地面而死亡，邵××

受伤，是事故发生的直接原因。

2. 间接原因

（1）赵××在不具备建设工程相关资质的情况下，联合他人借用其他单位资质非法承接工程；作为施工经理，对作业施工现场安全管理缺失，在明知部分钢板已从烟道底板上割离且未能及时运走的情况下，未在现场采取设置防护围栏、警示标识等安全防护措施，也未对施工作业人员进行安全技术交底，盲目组织施工。

（2）陈××在不具备建设工程相关资质的情况下，通过欺骗手段借用其他单位资质非法承接工程；作为现场经理，施工现场管理严重缺失，在明知部分钢板已从烟道底板上割离且未采取设置防护围栏、警示标识等安全防护措施的情况下，未能及时组织作业人员消除现场存在的安全隐患。同时，组织安排的施工管理人员也不具备相应的建设工程管理资格，在事故发生后补办施工合同，存在妨碍事故调查的行为。

（3）海德公司作为EPC总承包单位，在业主方不知情的情况下，擅自变更施工承包队伍，并把加装1号炉低温省煤器工程施工项目发包给无资质的个体施工队；未安排有资质的管理人员对加装1号炉低温省煤器工程施工现场进行管理，致使施工现场安全管理缺失。

（4）天泽电力技术服务公司未能严格履行监理职责，对施工单位及项目管理人员资质审查不严，对施工现场存在部分钢板已从底板上割离，未采取设置防护围栏、警示标识等安全防护措施的情况没能及时发现。

（5）南热公司涉及项目工程的有关监督管理人员，对EPC总承包单位私自变更施工分包队伍的行为未能及时发现，对施工现场安全监督管理不到位。

（四）防范及整改措施

（1）海德公司要严格遵守法律规定和合同规定，履行EPC总承包的职责，严禁非法发包施工项目，落实各项安全管理制度和安全技术方案，加强员工安全教育并督促员工认真执行各项安全生产规章制度和操作规程；要制定有效的现场安全管理和安全防护措施，加强施工现场的安全检查，对作业现场的安全隐患要及时发现并排除，杜绝类似事故再次发生。

（2）天泽电力技术服务公司要认真履行工程项目现场安全监理职责，按照国家和行业的规范要求严格执行各项管理制度；要严格按照工程监理规范的要求，加强施工现场的工程安全监理，防止类似事故再次发生。

（3）南热公司要认真履行工程建设单位职责，严格执行安全生产的有关法律法规，进一步完善各项安全生产责任制，督促和要求施工单位制定切实可行的安全施工方案，落实各项安全防护措施；要加强对施工队伍的教育管理，强化现场安全监督，发现安全隐患及时进行整改，杜绝各类事故发生。

二十五、中电投阜新发电有限责任公司"9·28"窒息死亡事故

（一）事故简述

2014 年 9 月 28 日，福建龙净环保股份有限公司施工人员，在阜新发电有限责任公司厂外 3 号灰库清灰作业工程中，发生一起库内积灰坍塌事故，造成 2 人埋压窒息死亡，直接经济损失 200 万元。

（二）事故经过

2014 年 9 月 28 日 08：00，通达安装分公司外雇施工人员孙××、谭××、刘××、张国×、郑××开始清理阜新发电公司厂外 3 号灰库内积灰，具体分工为：张国×、郑××先在平台上用大锤敲击灰库外壁震落库内积灰，谭××、刘××在离地面面 12.1m 高的灰库人孔处负责清灰，孙××在地面洒水降尘。

09：30，人孔附近积灰清理完毕，谭××、刘××先后通过人孔门进入灰库内清灰。10：20，灰库内积灰突然坍塌，将谭××掩埋，刘××被库内坍塌积灰的气浪沿人孔推出库外且短暂昏迷。在地面洒水降尘的孙××见状后，立即由灰库外扶梯登上灰库平台，未采取任何个人防护措施便冲进灰库内进行施救，被后续坍塌的积灰掩埋。此时，通达安装分公司项目负责人田××巡查到现场，得知情况后，立即向通达安装分公司经理张士×报告事故情况，两人分别拨打 110、119 和 120 电话。10：26，开发区消防中队接到报警，迅速出动 3 辆消防车、15 名消防官兵赶赴事故现场。随后，120 急救中心人员到达事故现场。10：40，开发区消防中队到达事故现场，在了解情况后，中队指挥员迅速带领两名战士穿好防护装备后进入灰库内进行营救。中队指挥员一边安排搭建防护栏，防止库内积灰再次坍塌，一边指挥战士利用铁锹清理积灰寻找被埋压人员。

10：50 左右，事故现场人员向阜新发电公司报告事故情况。阜新发电公司分别向国家能源局东北电监局、阜新市安监局、中电投东北公司、中电投集团公司安环部和火电部等上级部门进行了汇报。11：00，福建龙净公司施工现场负责人吴××巡查到现场，了解情况后，立即向项目负责人梁××报告事故情况，梁××接报后，迅速报告厦门物料公司副总经理贾××。

11：10 左右，阜新发电公司总经理李××启动公司Ⅰ级应急响应。成立了现场应急救援指挥部，李××任现场总指挥组织事故救援。11：13，市消防局全勤指挥部到达事故现场指挥救援，根据灰库内部储存大量积灰的实际情况，消防局领导与发电公司领导联合制定了救援方案，确定开发区消防中队为主战中队，联合厂区工人使用人力传递的方式清理灰库内的积灰，搜救被困人员：海州、站前、细河三个消防中队提供救援所需各类物资；与此同时联系太平公安分局警力到场进行现场警戒。

20：42，发现被埋压人员谭××，救援人员将其抬出灰库，经现场 120 医护人员诊断，已无生命迹象；同时继续协同厂区工人搜索另外一名被埋压人员；9 月 29

日凌晨 01：40，救援人员发现第二名被压埋人员孙××，将其抬出库外，经现场 120 医护人员诊断已死亡。

（三）事故原因

1. 直接原因

现场作业人员违反规程、冒险作业，导致灰库内积灰失稳坍塌，孙××盲目施救，加重了损害后果。

2. 间接原因

（1）施工人员进入密闭空间作业时，未按有关规定做好个人安全防护，上岗前未经安全教育培训。

（2）通达安装分公司雇佣外来人员进行现场清灰，对施工现场安全管理不到位，对外雇施工人员安全培训教育不到位，对违规冒险作业未进行有效制止。

（3）阜新通达公司未落实企业安全生产主体责任，对下属分公司疏于管理，对施工项目的安全监管不到位。

（4）厦门物料公司未落实企业安全生产主体责任，对施工现场安全管理不到位，对施工人员安全培训教育不到位，对通达安装分公司外雇人员违反规定冒险作业未及时发现并制止。

（5）福建龙净公司违反合同约定，擅自将阜新发电有限责任公司 35 万机组厂内厂外灰库由串联改为并联运行改造工程中部分工程分包给通达安装分公司，且对施工现场的安全防范措施监管不到位。

（6）阜新发电公司未有效落实安全生产主体责任，对外包工程现场安全监管不到位，对外雇施工人员安全培训教育不到位。

（7）灰库的设计制造存在缺陷，灰库内壁材质为混凝土结构，易产生挂灰等现象；缺少振打、清灰装置。

（8）项目工程施工方案和技术、安全交底不全面，清灰工序危险因素分析和技防措施、发生事故后科学施救等方面存在漏洞。

（四）防范及整改措施

（1）通达安装分公司要严格落实各项安全生产管理制度和安全生产主体责任，对外雇人员要加强安全管理和安全培训教育，严格执行施工方案和安全操作规程，杜绝违章，冒险作业等违法、违规行为的发生。

（2）阜新通达公司要严格落实安全生产主体责任，加强对下属分公司承揽工程的安全管理。

（3）厦门物料公司对分包工程施工现场要加强安全管理，严格履行合同约定，杜绝以包代管现象，严格执行施工方案和安全操作规程，加强现场人员劳动防护用品佩戴和使用的管理，做好安全技术交底，规范施工行为。

（4）福建龙净公司要严格履行合同约定，加强对下属子公司的管理，公司内部各业务部门要加强沟通，要确立专门的安全管理部门，统一协调安全管理工作。

（5）阜新发电公司要对灰库的设计缺陷进行及时整改，灰库内壁应采用光滑表面，或增设振打、清灰装置，杜绝不安全状态下人工清灰作业现象。同时，对外包工程项目要严格审核，防止以包代管，对外包工程现场要求加强安全管理，进一步完善外来施工人员进场培训制度，确保各项工程安全运行。

（6）事故有关单位要强化安全生产"红线意识"和"底线思维"，认真学习党的十八届四中全会精神，学习贯彻新《安全生产法》。要深刻吸取事故教训，举一反三，严格落实各项安全生产管理制度和安全生产主体责任，认真排查各类安全隐患，加大安全投入，加强安全管理，有效防范各类事故的发生。

二十六、铜山华润电力有限公司"10·2"物体打击死亡事故

（一）事故简述

2014 年 10 月 2 日，铜山华润电力有限公司发生一起物体打击事故，造成 2 人死亡。直接经济损失约 140 万元人民币。

（二）事故经过

2014 年 10 月 1 日 18：00，河南华强工程劳务有限公司徐州项目负责人史国×安排夜班的付××、史伟×、宋××、常××等 11 名工人在烟囱 159m 工作面进行施工，对 5 号烟囱原有钢内筒进行拆除，切割钢板并用卷扬机把切割钢板吊送至地面，宋××、常××等 3 人在 159m 工作平台上主要负责分配吊篮与切割工作。10 月 2 日 06：15 左右，烟囱顶部的卷扬机桅杆吊架突然掉落，砸到 159m 工作面上的施工人员常××、宋××身上，致 2 人当场死亡。

（三）事故原因

1. 直接原因

桅杆架焊接在混凝土烟囱壁顶端的预埋铁上，其焊缝开裂是导致桅杆架失稳造成事故发生的直接原因。

2. 间接原因

（1）河南四建股份有限公司未对物料垂直运输的起重系统进行专业设计，无起重系统组件的结构说明，凭经验自制桅杆架，至桅杆架结构不合理，稳定性不够。

（2）河南华强工程劳务有限公司现场人员安全管理不到位。

（3）淮南天泽电力技术服务有限责任公司未认真履行监理职责，未及时发现和消除安全隐患。

（四）防范及整改措施

这起事故暴露出责任单位对施工现场安全管理不到位、施工人员安全教育培训不到位、施工人员违反操作规程作业、施工人员安全意识淡薄等问题。为吸取事故教训，防止类似事故发生，责任单位要认真贯彻执行有关法律法规、作业标准和操作规程，加强施工人员安全教育培训，强化施工人员安全意识，加强施工现场安全管理，加强事故隐患排查，落实整改措施，及时消除事故隐患，防止事故的发生。

二十七、中电投吉林松花江热电公司"11·15"压力管道爆裂事故

（一）事故简述

2014 年 11 月 15 日，中电投集团公司吉林省吉林市松花江热电公司工作人员在检查一期供汽管线膨胀节（距地面约 3m 高）漏气缺陷时，膨胀节突然爆破，作业人员被气流冲出，发生坠落事故，造成 1 人死亡、1 人轻伤。

（二）事故经过

11 月 15 日 13：10，集控班长展××在巡视设备过程中发现一期 A 排墙外供汽的 2 号管线在 7 号与 9 号固定支架之间的补偿器位置飘汽，遂联系汽机检修班长任××处理，并于 13：55 在 MIS 系统中填写巡线发现飘汽的设备运行事故的记录。14：10，检修人员开始搭设脚手架为检查确认飘汽检修做准备。15：30，脚手架搭设完毕并经验收合格后交付使用，设备分厂宋××主任和生产技术部汽机主管王××开始通过脚手架上至 1 号、2 号管线 7 号与 9 号固定支架之间的补偿器飘汽处边缘查验确认。16：10 左右补偿器飘汽处突然发生爆裂，1、2 号汽轮机振动瞬间增大后恢复正常，集控班长展××立即到现场查找响声来源，发现 1 号机 A 排墙外有人躺在地上，2 号供汽管线补偿器处保温铁皮、保温棉脱落，立即汇报值长崔××。值长接到电话后立即赶到事发现场，发现生产技术部汽机主管王××坐在地上，设备分厂主任宋××躺在地上，生产技术部副主任梅××正在对伤者进行急救，并立即拨打 120 急救电话，并汇报公司领导。16：24，120 急救车到达事故现场，将伤者送往医院进行抢救，宋××经医院全力抢救无效死亡，另一人王××留医院观察医治。

（三）事故原因

1. 直接原因

事故后，现场勘查套筒爆裂的直管压力平衡式补偿器的波纹管上存在 6 处（最长 42mm）贯穿开口性缺陷，导致设计为非承压的补偿器套筒承受压力，致使补偿器外套筒内承载的蒸汽压力与正常运行的 2 号管线内的蒸汽压力基本一致，外套筒承受不了该管道运行时的压力，补偿器外套筒爆裂。

2. 间接原因

（1）由于该管线两侧电动截止阀门在关闭状态时存在内漏情况，致使 2 号管线内承载的蒸汽压力与正常运行的 1 号管线内的蒸汽压力基本一致；补偿器外套筒（设计情况下为非承压）上的疏水管口处于封堵（焊死）状态，致使补偿器外套筒内承载的蒸汽压力与 2 号管线内的蒸汽压力基本一致，外套筒承受不了该管道运行时的压力，间接导致补偿器外套筒爆裂。

（2）安全培训教育不足。检查人员对 2 号蒸汽管线的补偿器附近飘汽情况进行现场检查，对危险源可能产生的安全隐患或突发爆裂后果的风险程度分析不全面。

（四）防范及整改措施

（1）选用符合国家标准且有制造资质的单位生产的压力管道元件。

（2）选用有压力管道安装资质的压力管道安装单位进行安装，且履行安装告知手续，接受安装监督检验等相关程序。

（3）在使用中应按国家相关规定进行定期检验、修理维护。

（4）更换与本次事故同厂家、同批次所有直管压力平衡式补偿器，对采用其他厂家制造的补偿器进行检查，预防此类事故发生。

（5）更换所有直管压力平衡式补偿器前，应恢复补偿器外套筒上输水口本身的输水功能。

（6）加强职工安全生产培训教育，提高安全生产意识，提高特种设备突发应急救援能力。

二十八、沈阳华润热电有限责任公司"11·29"机械伤害事故

（一）事故简述

2014 年 11 月 29 日，沈阳华润热电有限公司输煤运行工作中，发生一起机械伤害事故，造成 1 人死亡。

（二）事故经过

2014 年 11 月 29 日 22：39 左右，沈阳沈海科技开发公司职工张×（甲），在沈阳华润热电有限公司输煤四段尾部冲洗地面时，因输煤皮带防护围栏未就位，倒退中绊倒在下层皮带上，带入转向滚筒中死亡。22：40 左右，当班调度孙××下达停机指令，22：48 左右全部停机，准备清理卫生，当班班长董××发现张×（甲）不见了，派全班人员分头寻找。23：40 左右，当班职工钱××发现张×（甲）被绞入输煤皮带中，当班班长董××立即逐级汇报。24：07 分，当班调度孙××报告给当班值长张×（乙）。24：20 左右，当班值长张×（乙）拨打 120 求救电话。24：42 左右，120 人员赶到现场，经急救中心医生确认，被卷入者无生命迹象，宣布死亡。

（三）事故原因

1．直接原因

操作者违反了清理卫生必须在停机后进行的要求，防护围栏未就位，倒退中绊倒在下层皮带上，带入转向滚筒中，发生机械伤害。

2．间接原因

（1）安全生产规章制度不落实。对外包工程安全生产资质审查不严格，沈阳沈海科技开发公司法人代表和安全员无安全生产任职资格证，安全生产规章制度不健全。岗位职责不落实，当日输煤运行班组定员 19 人，实有 15 人，输煤四段尾部无

专人看管，混岗、代岗现象比较普遍。执行操作规程随意性大，按照操作规程规定，停机后清理卫生，但没有停机就清理卫生的现象时有发生。

（2）安全隐患排查治理不到位。从沈阳华润热电有限公司提供的输煤四段尾部实时监控录像看，从2014年11月11日到11月29日发生机械伤害死亡事故止，防护栏杆一直处于未就位状态，安全隐患长达18天时间未得到有效排查治理。输煤四段尾部作为安全生产重点部位，地面不平整，也未设置明显的安全警示标识。

（3）安全教育培训不落实、走过场。沈阳沈海科技开发公司安全教育培训不落实，没有按规定开展三级教育，没有三级教育档案。沈阳华润热电有限公司发电部，对外包工程人员安全培训考试卷子不打分、正确答案作标记，安全教育培训走过场。沈阳沈海科技开发公司作为生产经营单位，主要负责人和安全生产管理人员未参加过安全生产培训，不具备与本单位所从事的生产经营活动相应的安全生产知识和管理能力。

（4）安全组织机构不健全。沈阳华润热电有限公司作为央企重点监管的二类企业，设备老旧，生产任务重，安全压力大，按规定应设立专门的安全组织机构，但该公司长期以来没有独立的安全组织机构，只是在综合部下设三名专职安全员。

（四）防范及整改措施

（1）建立完善各项安全生产规章制度，建立"党政同责、一岗双责、齐抓共管"的安全生产责任体系，坚持抓建设必须抓安全、管业务必须管安全的原则，把安全责任落实到领导、部门和岗位。

（2）要加强对外包工程的安全管理，对输煤外包单位的安全资质重新进行审查，对维护输煤的从业人员重新进行安全教育和培训，在保证质量特别是安全生产的前提下，重新确定外包单位和从业人员。

（3）加强安全生产管理队伍建设，配备专门的安全机构和专职安全生产管理人员，加强施工和生产现场的安全监管工作，保证各项安全生产规章制度得到全面落实。

（4）要加强从业人员安全教育培训，向从业人员如实告知作业场所和工作岗位存在的危险因素、防范措施以及事故应急措施。强化员工的安全意识，提高安全技能，对违章操作者严肃处理。

（5）强化安全生产检查，建立健全安全隐患排查治理制度，坚持日常检查和专项检查相结合，对检查出来的隐患和问题及时整改到位，建议凡是有可拆卸的防护栏杆要加锁防护，提高安全保障能力。

二十九、国网福建电力有限公司检修分公司"12·23"电力线路维护人员触电事故

（一）事故简述

2014年12月23日，国网福建省电力公司送变电运检公司作业人员在对500kV

东大Ⅱ路进行线路边坡超高树木砍剪过程中，树木倒落与 500kV 东大Ⅱ路 C 相距离不足发生放电，造成 1 人触电死亡，事故直接经济损失 36.97 万元。

（二）事故经过

2014 年 12 月 23 日上午，国网福建检修公司管理的送变电运检公司惠安巡检站仙游驻点运维人员林××、吴××在 500kV 东大Ⅱ路 C 相 208～209 号塔间线路外侧发现一棵超高桉树，林××打电话向巡检站站长黄××汇报，要求对该树进行砍伐（事后测量，该树高约 12m），巡检站站长黄××电话要求林××在安全距离足够的情况下进行砍伐作业。林××、吴××在目测判断该树离边导线（C 相）水平距离较远，与东大Ⅱ路之间的安全距离足够后对该树进行砍伐。吴××用手顺着导线方向推树，树在倒落过程中与 500kV 东大Ⅱ路 C 相导线安全距离不足，发生微弱放电（500kV 东大Ⅱ路线路未跳闸，故障录波装置未启动），造成吴××触电，经抢救无效死亡。

（三）事故原因

1. 直接原因

运维人员吴××、林××误判桉树与导线的安全距离，所砍桉树在倾倒过程中与 500kV 东大Ⅱ路 C 相导线安全距离不足，导线对树放电，造成正在用手推树的吴××触电。

2. 间接原因

（1）运维人员吴××、林××现场勘察不全面，未利用随身携带仪器测量，仅通过目测判断桉树的高度，误判桉树与导线距离满足砍树要求，以致砍树作业没有采取相应的安全措施。

（2）运维人员吴××、林××安全意识薄弱，在砍剪山坡树木时，未按照《电力安全工作规程》（线路部分）要求，在没有做好安全措施的情况下，强行违章砍伐桉树。

（四）防范及整改措施

（1）开展反思整改活动。公司 12 月 25、26 日停工整顿两天，并开展为期一个月的安全生产"大反思、大排查、大整顿"活动。

（2）组织梳理临近带电设备作业风险点。严格执行《国网福建省电力有限公司关于下发涉及砍剪树竹相关规程补充要求的通知》（闽电运检〔2015〕22 号）文件要求，梳理各类邻近带电作业类型，作业前必须做好现场勘察，填写勘察单，辨识存在的风险，并根据勘察结果制定防控措施，提升员工对砍树等小型作业可能遇到的安全风险的辨识能力；明确未采取工作票、班组作业安全质量控制卡或派工单，且没有采取完善的安全措施的情况下，不允许对超高树木进行砍伐。

（3）加强队伍建设和职工教育培训。及时对输电运维骨干人员和一般运维人员进行补充，并优化各巡检站人员配置，对不适合输电管理岗位的人员进行调整，选拔专业素质高、责任心强的人员到巡检站管理岗位；建立科学的绩效考核和激励机制，畅通运维人员进出的通道，以激发一线运维人员的主动性和积极性。

（4）规范巡检站运维管理。把巡检站所辖各驻点的工作纳入巡检站日常管理，全面掌控各驻点人员的工作状态，严格按生产计划开展工作，做到有计划、有执行、有监督、有反馈。

（5）强化输电运维业务管理。认真落实部门人员挂靠管理各巡检站的管理制度，要求输电中心各挂靠人员尽职尽责，认真监督巡检站的各项工作。输电中心部门管理人员不定期对各巡检站开展工作检查，检查生产计划的执行情况，是否有监督、有闭环，作业过程是否符合技术规范和安全标准；开展安全例行工作检查，查听班前会、安全日活动录音，检查安全日学习记录；对各巡检站的日常巡视工作进行不定期检查；监督各巡检站开展地毯式隐患排查，将所有的隐患点进行监控，隐患治理纳入生产作业计划。

（6）落实监督责任，有效管控现场作业风险。运检部应从专业角度全面梳理公司的输电业务管理制度，及时建立完善各项管理机制；加大对输电中心和各巡检站的管理力度，按作业风险等级做好风险评估，并安排专业管理人员到岗到位，落实技术监督责任，强化风险管控；不定期检查其生产计划的执行情况，是否有开展作业前现场勘查，作业风险评估是否准确，是否有风险预控措施，安全措施是否执行到位，作业过程是否符合技术规范，作业质量是否满足要求；加强对输电中心和各巡检站的技术监督，对新专业技术规范应进行宣贯讲解，组织学习，并督促作业人员执行到位；对未按规范开展作业、风险管控不到位、未执行专业技术规范者，予以严厉考核。

（7）落实领导责任，努力提高安全生产水平。

电力建设人身伤亡事故

一、天津海能电力建设有限公司"1·17"一般坍塌事故

（一）事故简述

2014 年 1 月 17 日，滨海新区唐津高速与港城大道相交处，西外环滨中一线 220kV 线路涨高工程施工过程中，A1 号铁塔发生倒塌，造成东侧的 25 号铁塔也发生倒塌，致使在 A1 号塔部位作业的人员 2 死 2 重伤，直接经济损失约为 256 万元。

（二）事故经过

2014 年 1 月 16 日 08：00，滨中一线 26～27 号塔改造工程正式停电动工。之前 A1 号、A2 号塔基座已预制安装完毕，海能公司李×班组架线工 15 人负责架设 A1 号铁塔。

1 月 17 日 15：00 左右，A1 号塔基本架设完毕。李×班组撤离 A1 号塔，改由李××班组架线工 11 人登塔架设线路。与该塔连接的线路有 12 根电缆和 2 根光缆。12 根电缆分别位于东侧 9m、15m、21m 处（各 4 根），准备实施安装。另，A2 号塔，A1 号塔、25 号塔之间最顶部 2 根光缆已架设安装完成。

16：10 左右，12 根电缆已经初步拴系在 A1 号塔东侧，但尚未紧固到指定位置，拴系位置约在 A1 号塔 8～13m 处。西侧电缆均来与 A1 号塔连接。经事故后现场勘察，A1 号塔未架设临时地锚、拉线，致使 A1 号塔东侧单向受力。16：20 左右，施工人员卞××、朱×× 在 A1 号塔上从事紧线准备工作，部分施工人员在塔周围作业。由于东侧单向受力，造成 A1 号塔第一层北侧中心节点连接板与两侧地脚基座方向的连接角钢螺栓发生断裂，该塔整体结构受力失衡，在 8—13m 处弯折，下部向东倾倒，上部在倒塌过程中受 25 号和 26 号塔未断开的光缆铰线约束，向西倾倒，砸到 A1 号塔和 26 号塔之间的汽车吊主臂上。朱×× 从塔上摔落到汽车吊平台，伤到头部；卞×× 和骆×× 被压在塔底；在西侧 27 号塔处作业的石×× 被震动的光缆弹伤。东侧 25 号塔被电缆及光缆反作用力拽压后发生坍塌；24 号、25 号塔之间跨越塘黄公路线路发生坠线，对交通造成威胁，同时对 10kV 农 22、23 线造成影响。

（三）事故原因

1. 直接原因

海能公司在对初步架设完成的 A1 号塔进行架线作业时，实施单侧作业，12 根电缆拴系在 A1 号塔东侧 8～13m 处，A1 号塔未架设临时地锚、拉线，致使 A1 号塔塔身钢结构东侧单向受力。作业过程中，A1 号塔第一层北侧中心节点连接板与两侧地脚基座方向的连接角钢螺栓发生断裂，整体结构受力失衡，在 8～13m 处弯折后发生倒塌。

2．间接原因

（1）海能公司将包工不包料的分包工程项目再次分包给四川广安，且未将分包行为向总包单位及监理单位通报。在分包合同的安全约定条款中设定免责条款，以致在施工中安全主体责任落实不到位。

（2）海能公司施工人员未按照施工作业指导书、施工三措开展作业，盲目施工，对施工过程中的各类风险不能充分辨识，未对塔的受力能力进行核算，违反正常的施工方法，未采取针对性的防范措施；对施工人员的安全技术交底和安全教育工作流于形式，施工人员不了解作业中存在的风险和防范措施，现场作业的架线工未持有电工作业和高处作业的操作证，属于无证操作。

（3）海能公司在 A1 号塔架设后，未对该塔进行验收，就开始架线作业，违反施工程序。

（4）海能公司合同约定的项目经理李××在施工过程中未到现场，现场实际负责人田××不具备项目经理资质。

（5）电力监理公司未对现场错误的施工方式进行纠正。

（6）电力监理公司未制止无证操作的施工人员进行作业，对监理的安全监督职责履行不到位。

（7）电力监理公司项目总监未履行总监的职责，从未参与本项目的审查工作，也没有到过施工现场。

（8）滨电工程作为总包单位，未对分包单位的再次分包行为进行有效的审查。

（9）滨电工程施工现场负责人对施工过程中的各项风险辨识不足，没有采取有效的预防事故措施。

（10）滨电工程对分包单位施工人员的安全教育不到位。

（11）滨电工程对施工过程的监督检查工作不到位。

（12）滨海供电作为本工程项目的建设单位，滨海供电对总包和施工单位履行工程管理职责情况督促检查不够。

（四）防范及整改措施

（1）海能公司要进一步树立遵纪守法意识，严格遵守建筑施工及特定行业工程建设管理的相关法律法规、规章制度，全面履行安全生产的主体责任，保证安全投入，加强安全检查，保证各项安全措施得到落实。落实工程项目招投标管理程序，严格审查施工承包、分包单位的安全生产保障机制，杜绝违法分包行为。

（2）电力监理公司要按照国家、天津市有关工程监理的法律法规开展内部符合性评审，杜绝总监挂名不负责的现象；提高监理工程师的责任意识和业务能力；采取有效管理机制保证监理工程师严格按照标准履行监理职责；加强安全监理工程师的现场监理作用；严格执行隐患排查制度，坚决杜绝对安全隐患视而不见的行为出现。

（3）滨电工程要深刻反思，制定整改报告，采取有效的措施开展内部整顿，尤其在工程项目管理方面，要重新审查项目经理、各级管理人员、承包商和分包商的安全生产保障机制，严格施工过程的全方位监督管理，做到着力预防、综合施治、深查隐患、强力整治。滨海新区政府对滨电工程启动约谈机制，滨电工程将整改情况形成报告，提交上级单位和滨海新区安监局，滨海新区安监局三个月后将对滨电工程整改情况开展复查。

（4）滨海供电应按照建筑领域和电力行业的相关法律法规和制度，认真履行工程项目建设单位的管理职责，不但要做好项目立项的各项工作，也要对工程总包单位履行管理职责和安全管理责任的情况进行督促检查，促使总包单位依法依规开展工程建设施工。

二、巫溪县金晟建筑建材有限责任公司"3·13"坍塌事故

（一）事故简述

2014 年 3 月 13 日，巫溪县金晟建筑建材有限责任公司承建的重庆市巫溪县大宁河双河口水电站勘察平硐项目在宁厂镇呼延坝的平硐施工过程中发生一起坍塌事故，造成 1 人死亡，直接经济损失 68 万元人民币。

（二）事故经过

2014 年 3 月 13 日 08：00 左右，巫溪县大宁河双河口水电站勘察平硐项目宁厂镇呼延坝平硐（小地名：观音阁）作业人员周×德、周×明、王××（班组长）开始平硐洞口的开挖。周×德负责用气腿钻钻炮眼，周×明负责手扶气腿，王××负责除渣。13：00 左右，该作业面进行了 8 个炮眼的爆破。爆破后，李××（安全管理人员）、周×德、王××开始进行排危、除渣。19：30 左右三人吃完晚饭后到作业面继续作业。21：00 左右，在钻炮眼的过程中，平硐洞口上方石块发生滑落，周×德、周×明及时避开，王××未来得及避开被滑落的石块击中，当场死亡。

（三）事故原因

1. 直接原因

平硐洞口开挖破坏顺层岩石支撑，爆破震动致使洞口上方山体岩石松动，钻炮眼过程中的震动加剧层石滑落，是造成本次事故的直接原因。

2. 间接原因

（1）巫溪县金晟建筑建材有限公司在巫溪县双河口水电站勘察平硐项目施工过程中，安全体系不健全，未建立安全管理机构，现场负责人、安全员未经培训，无证上岗，不具备与所从事的生产经营活动相应的安全生产知识和管理能力。

（2）未建立健全安全生产管理制度，未制定平硐安全施工方案，未制定平硐安全操作规程。

（3）现场安全管理不到位，事发时现场无安全管理人员。

（4）安全教育培训不到位。未对作业人员周×德、周×明进行安全教育。

（5）事故隐患排查不到位。未及时发现平硐洞口上方存在的危石，未在洞口上方采取安全防护措施。

三、淮南平圩电厂三期工程"4·12"高空坠落事故

（一）事故简述

2014年4月12日，淮南平圩电厂三期工程工地发生一起高空坠落事故，造成1人死亡，直接经济损失约80万元。

（二）事故经过

2014年4月12日13：00左右，浙江二建第八分公司工人吴贞×按其施工负责人吴胜×指派与工友杜××一道，共同对除氧煤仓间25m层8-C列14轴梁底进行清理、打磨、修补。17：00左右，吴贞×让杜××收拾工具先下去，自己则留在上面做收尾工作。不一会，在17m层12、13轴卸砖块的雷×（系浙江二建工人）听到一声响，回头发现14轴模板上趴着一个人，立即电话通知浙江二建现场负责人杨××。杨××随即电话通知吴胜×和驾驶员汪××，三人陆续赶往现场，正在从施工现场离开，已经到达一楼工具房的杜××发现杨××等人急急忙忙向楼上跑，并听到有人喊：楼上有人掉下来了，他也匆忙返回现场。杨××等人赶到现场后发现，趴着的人是吴贞×，由于其头部朝下坠落在预留孔上部覆盖的模板上，吴贞×头部已经击穿模板，头部连同安全帽被卡在模板内，身上佩戴安全带。汪××通过摸脉搏，认为吴贞×还活着，于是四人共同用木板将其抬至地面，后由汪××驾驶本单位商务车，杨××、吴胜×、杜××随车，将吴贞×送到市第一人民医院急救，经医院抢救无效于18：40死亡。

（三）事故原因

1．直接原因

吴贞×在除氧煤仓间25m层B-C列14轴梁底工作结束后，没有从安全通道返回，违章直接攀爬钢管护栏致坠落死亡。

2．间接原因

（1）浙江二建对员工安全宣传教育和现场管理不到位，现场施工人员存在违章行为。

（2）安徽二建没有全面履行施工总承包单位职责，对专业分包单位安全生产疏于管理。

（3）天安监理对施工现场安全监管不到位，存在漏洞。

（四）防范及整改措施

（1）浙江二建要认真吸取事故教训，强化员工安全培训教育，加强安全法律法规学习，按照《生产安全事故报告和调查处理条例》有关规定及时上报事故，保持

信息畅通。

（2）安徽二建要切实全面履行施工总承包单位职责，加强对分包单位安全管理，统一协调领导进场人员安全培训教育工作，严肃查处各类违章违规行为。

（3）天安监理公司要认真履行安全监管职责，全面加强安全生产规章制度执行力，严格监控分包单位人员执行操作规程等情况，及时排查整治安全隐患，坚决制止各类违章行为。

四、上杭县 110kV 塘厦—古田 I 回线路工程"4·12"高处坠落事故

（一）事故简述

2014 年 4 月 12 日，上杭县 110kV 塘厦—古田 I 回线路工程 29 号塔组立施工工地发生一起高处坠落事故，造成 2 人死亡。

（二）事故经过

2014 年 4 月 11 日，漳州水电公司卯××、吉克××带领阿余××、吉拉××等11 名施工人员至古田镇金湖村的 29 号塔工地开始组立塔作业。4 月 12 日继续作业，18：30 左右，组立塔作业到第 6 节，在起吊地面组装好的塔片过程中，塔片被塔身卡住，正在塔上作业人员吉拉××、阿余××移动到卡住部位进行处置，随后吉拉××通知在地面指挥的吉以××可以继续提升。吉以××听吉拉××说可以提升便转身通知绞磨操控手继续提升，绞磨刚一开动，抱杆突然弯曲，正在吊升的塔片坠落，吉拉××、阿余××也因身体失稳坠落地面。正在指挥的吉以××此时仍面朝绞磨方向，听到身后一声巨响，转身后发现吉拉××、阿余××已经坠落在地面了。事故发生后，现场工友立即拨打 120，并用简易担架将吉拉××、阿余××抬至山下，然后用皮卡车送往医院，至金湖村村道口时碰到在水泥路上等候的古田镇卫生院救护车，便将吉拉××、阿余××转到古田镇卫生院救护车上，送古田镇卫生院，经抢救无效死亡。

（三）事故原因

1. 直接原因

高处作业工人吉拉××、阿余××违反安全带使用规程，在移动作业位置处置塔片卡在塔身的故障时，未按规定将安全带挂（扣）在牢固的构件上，因抱杆突然弯曲塔片下坠时，导致身体失稳坠落地面，造成事故的发生。

2. 间接原因

（1）漳州水电公司违反特种作业人员必须持证上岗之规定，聘用无高处作业资格的工人吉拉××、阿余××从事高处作业。

（2）漳州水电公司违反从业人员必须经培训并考试合格后方可上岗之规定，聘用新工人组成施工班组后，未申请省一电公司 110kV 塘厦—古田 I 回线路工程项目部进行入场培训，本单位也没有进行任何安全培训及考试就安排上岗作业。

（3）漳州水电公司未按省一电公司 110kV 塘厦—古田 I 回线路工程项目部的施工计划组织施工，没有按相关作业票制度办理作业票，安排作业工人到未列入施工计划的 29 号塔组工地立塔作业。

（4）漳州水电公司没有履行与省一电公司签订的《电力建设工程劳务分包安全协议》，没有制定施工安全措施报省一电公司备案、审查，并接受实施过程的监督。

（5）漳州水电公司 110kV 塘厦—古田 I 回线路工程项目分包负责人杨××履行安全生产管理职责不到位，没有组织制订工程施工作业所涉及的高处作业、组立塔等安全规程或编制安全措施，对施工班组违规安排施工作业疏于管理。

（6）省一电公司以包代管，110kV 塘厦—古田 I 回线路工程安全与健康环境管理制度中《分包工程安全管理制度》执行不到位，对漳州水电公司没有编制相关安全施工措施并作为合同附件之一仍安排进场施工作业。

（7）省一电公司执行《电力建设工程劳务分包安全协议》不到位，没有要求分包方制定施工安全措施并报备，对漳州水电公司施工期间无操作规程、施工安全措施没有履行监督职责。

（8）省一电公司没有对分包单位安全生产实行统一管理，安全巡查不到位，导致不能及时发现和制止工人未经培训考核合格上岗、未按施工计划安排施工现象。

（9）业主单位龙岩电业局 110kV 塘厦—古田 I 回线路工程业主项目部安全监管不到位。与省一电公司签订的《工程施工安全协议书》中没有明确对劳务分包安全管理的职责及要求，没有将劳务分包单位的安全管理纳入监管。

（四）防范及整改措施

（1）龙岩电业局督促 110kV 塘厦—古田 I 回线路工程业主项目部完善《工程施工安全协议书》，将劳务分包单位的安全管理纳入监督管理范畴，明确甲、乙双方对劳务分包安全管理的职责及要求，并按照职责要求，加强对乙方安全施工的督促检查，消除安全隐患。

（2）省一电公司项目部严格执行《电力建设工程劳务分包安全协议》和《分包工程安全管理制度》，要求漳州水电公司制定施工安全措施并报备。

（3）省一电公司项目部严格落实从业人员安全教育培训制度和持证上岗制度，严格按《安全生产法》规定的教育培训内容和时间，认真落实"三级教育"相关规定，加强对新进工人的安全培训和考核。

（4）省一电公司项目部加强对漳州水电公司的安全管理，把分包队伍的安全生产管理工作纳入本单位的安全管理。定期开展安全检查、日常巡查，实现闭环管理，杜绝未按施工计划安排施工现象。

（5）漳州水电公司严格按照《电力建设工程劳务分包安全协议》的要求，聘用持有合格有效的上岗资格证书的特种作业人员；所有从业人员必须经培训并考试合格后方可上岗。

（6）漳州水电公司加强施工场所的安全文明施工巡查和隐患排查工作，并做好记录；督促劳务人员正确使用安全防护用品和用具。

（7）漳州水电公司切实加强施工班组的安全生产管理，制订工程施工作业所涉及的商处作业、组立塔等安全规程或编制安全措施；督促从业人员严格按操作规程施工作业。

五、四川省岳池县石垭建安总公司"4·26"触电伤亡事故

（一）事故简述

2014 年 4 月 26 日下午，四川省岳池县石垭建安总公司在宁安—迎水桥双回线路Ⅱ入宣和变 330kV 线路工程中搭设公路跨越架施工时，发生一起人身触电死亡事故，造成 2 人死亡。

（二）事故经过

2014 年 4 月 26 日 09：00 左右，四川省岳池县石垭建安总公司搭设Ⅱ接入宣和变 330kV 线路工程 2 号、3 号 G206 公路跨越架作业。15：00 左右，在完成公路一侧架面的搭设工作后，施工人员转移至公路另一侧搭设跨越架，施工人员在监护人员未许可的情况下，施工人员马××与周×擅自在地面起立钢管，不慎碰触到 10kV 线路（距跨越架东侧 2m 处平行有一条 10kV 线路编号为 511—东台东坡支与丹阳 5 队支之间的连接线）后触电，立即将两人分别送中卫市人民医院和中医院，经抢救无效死亡。

六、中国水利水电第八工程局有限公司银盘施工局银盘电站三期船闸工程"5·29"一般淹溺事故

（一）事故简述

2014 年 5 月 29 日，江口镇境内银盘电站三期船闸工程下流围堰附近发生一起一般淹溺事故，死亡 1 人，直接经济损失 88 万元。

（二）事故经过

5 月 29 日上午，根据拌合工区主任徐×的安排，在副主任李××现场指挥和工区专职安全员冉××协助下和李×、肖××等 7 名工人完成了对围堰内浮箱上 75kW 抽水机及进出水管的安装。抽水工张×、陶××用 3 根并排捆扎的直径 48mm、长 6m 的脚手架管搭设起了浮箱与防渗墙之间的临时跳板作为围堰到浮箱的人行通道，通道上方用一根安全绳连接围堰和浮箱，防止浮箱的移动。14：00，抽水工李×、陶××、肖××、张×4 人在浮箱上一同给抽水机上黄油、换盘根，15：20 左右，上完黄油和换好盘根后接着进行排抽水机的真空。机器运转正常后，肖××、张×、李×、陶××等各自拿着工具依次从浮箱上经临时跳板回到下游围堰防渗墙上。肖××、张×、李×顺利上岸后，听见后方水面上传来"咚"的一声水响，便回头看

见走在最后的陶××不见身影。肖××等三人发现后立即回到上岸处，发现临时跳板下的水面上浮起了陶××佩戴的安全帽，还有一包香烟和半瓶矿泉水。因为水面比较浑浊看不清水下的情况，当时三人没有贸然下水施救，肖××立即用手机向李××汇报了现场发生的情况，大约5分钟后，正在施工局开会的拌合工区副主任李××、安全办副主任陈×、施工局副局长彭×等人赶到现场并立即组织施救。李×、陈×先后下水施救均未发现陶××，随后水电八局银盘施工局向江口镇人民政府和县安监局报告了此事，县安监局和江口镇政府接到报告后先后赶赴事发地组织应急救援。接到报告的武隆县消防大队到达现场因为没有水下救生设备未能下水，同时彭×组织当地渔船开展施救仍然无结果。当晚22：30左右应银盘施工局联系赶来救援的重庆专业水上救援队到达现场并立即开展水下搜救，22时50分左右救援队将陶××打捞出水，经120现场确认已经死亡。

（三）事故原因

1. 直接原因

（1）抽水工作业时未穿戴救生衣。

（2）浮箱与防渗墙之间搭设的临时跳板不符合安全技术规范，不便于人的行走，且无有效安全防护措施。

2. 间接原因

（1）施工单位对从业人员的安全教育和培训不到位，职工安全意识淡薄。

（2）作业现场安全监督检查不到位，抽水工陶××等违章作业，没有得到纠正，现场安全监管人员缺位。

（四）事故防范措施及建议

（1）加强职工安全教育培训，切实提高职工安全素质。

（2）在现场具有较大危险因素和易违章地点设置安全警示标志。

（3）加强施工现场安全管理，严格执行安全相关操作规程，及时发现和纠正违章行为。

七、山西弘桥电力工程有限公司"7·1"220kV临兴Ⅱ回线工程施工人员高空坠落伤亡事故

（一）事故简述

2014年7月1日，由电网分公司负责建设的220kV临兴Ⅱ回线输电工程在进行G5号铁塔紧线施工过程中，发生一起因村民恐吓干扰，绞磨操作人员注意力分散，致使机动绞磨尾绳松脱，导致G5号塔中相导线脱落并带着作业人员夏逢×坠落地面，事故造成1人死亡。

（二）事故经过

2014年7月1日早06：10，220kV临兴Ⅱ回线工程夏鹏×施工班进入G5号塔

现场施工，当天的工作任务是 G5 号塔到 G6 号塔平衡挂线，高空压接。09：11，一群村民冲进现场阻拦施工，并用工具车及摩托车把施工通道阻塞，施工队长夏鹏×及时向施工负责人报告 G5 号塔施工现场有人阻拦施工情况。09：13，施工负责人李××到现场了解情况，发现领头的两名村民正在阻止施工，并大声吆喝高空人员下塔。叫嚷不下来就用竹竿把你们捅下来，施工现场环境非常混乱，地面人员受到控制，现场负责人夏鹏×及绞磨操作人员受到阻拦施工村民干扰，无法正常指挥及操作绞磨。当时高空作业人员 6 名，其中一名工人夏逢×正在中相大号侧导线上出线作业（距塔身约 10m），因阻拦人员的恐吓干扰，高空作业人员受到惊吓，准备回塔过程中，09：15，突然 G5 号塔中相导线脱落并带着作业人员夏逢×坠落地面，现场负责人迅速将夏逢×送达医院进行抢救。09：40，因抢救无效，夏逢×死亡。

（三）事故原因

1. 直接原因

部分村民阻拦施工，进行恐吓，严重干扰施工现场环境。现场局面混乱，致使施工人员注意力分散，思想不集中。作业人员夏逢×受到村民的恐吓干扰，已不能正常施工，准备停止施工，顺导线往杆塔方向移动。同时现场负责人夏鹏×及绞磨操作人员受到阻拦施工村民干扰，不能正常操作绞磨，导致绞磨机振动，牵引绳松动，线夹受到反向力松脱，造成 G5 号塔中相导线跑线脱落并带着作业人员夏逢×坠落地面（夏逢×坠落地点距杆塔约 30m）。村民恐吓干扰是导致事故发生的直接原因。夏逢×在解开安全带返回杆塔时，二道安全防护绳挂在已固定的良导体上，在中相导线脱线瞬间，脱落导线同时将二道安全防护绳打断。

2. 间接原因

项目部没有针对特殊环境、特殊情况进行危险因素分析，也没有制定有效的应急防范措施；施工人员面对突发事件不能保持足够定力，自我防护能力不足；现场安全员监护不到位，未能就施工作业区出现的危险因素对施工人员进行及时有效的提醒和保护。

（四）防范及整改措施

（1）项目部应针对近期频繁发生的村民阻拦施工情况进行汇总分析，制定应急措施，并组织各个施工队认真学习，进行演练，使全体施工人员明确在施工过程中受到外界干扰时如何确保自身人身安全和他人人身安全。

（2）项目部所有施工队于 7 月 2 日下午停工整顿半天，对此次事故展开充分讨论，分析原因、吸取教训、认识危害，各施工队要引以为戒，举一反三，提高班组人员的自我安全保护意识。

（3）加强与当地政府部门、公安部门沟通联系，通过政府、公安部门出面做工作，理顺青赔工作，确保施工不受外界干扰，确保施工过程中的安全。

（4）施工现场负责人及安全员要对施工区域的危险点进行认真辨识，特别是当施工过程中出现外界干扰危险因素时，应及时提醒施工人员注意自身安全防护，同时采取有效措施保证施工安全。

（5）开展为期一周的自查自纠安全检查活动，加强对高空作业相关规定知识的学习，举一反三，发现问题及时进行整改防范。

（6）在施工区域现场要规范设立警戒线，悬挂标示牌，施工人员不准超越警戒线工作，非施工人员严禁进入施工区域。

（7）施工现场必须设专职安全监护人，加强现场安全监督检查。

八、中电投贵州金元毛家河水电站"7·24"高处坠落事故

（一）事故简述

2014年7月24日，中电投贵州金元集团股份有限公司（以下简称"金元集团"）所属毛家河水电站在基建施工过程中发生一起吊篮坠落事故，造成2人死亡。

（二）事故经过

2014年7月23日20：00，云南水利机械有限责任公司在调压井闸门施工的夜班人员6人接班，进行调压井门槽钢筋检查处理，其中1人为卷扬机司机（卷扬机位于调压井平台），另5人在吊篮内作业。7月24日4：10，工作结束，乘坐吊篮返回调压井平台过程中，吊篮提升到距调压井底部约30m，钢丝绳从顶部定滑轮跳槽，挤压定滑轮护板，导致护板损坏、钢丝绳脱落，吊篮坠落。造成5名作业人员坠落，其中1人当场死亡，1人重伤不治身亡、3人轻伤的安全事故。

（三）事故原因

1. 直接原因

由于滑轮组设备老化，未定期进行安全检验，吊篮在上升过程中钢丝绳从顶部定滑轮跳槽，挤压定滑轮护板，导致护板损坏，钢丝绳脱落，同时由于吊篮无防坠落装置发生坠落。

2. 间接原因

（1）业主单位在建设管理过程中定位不正确。

业主单位在安全事故发生之前仅履行施工外围协调工作，主要负责征地、移民搬迁、线路送出等事务。在建设管理过程中没有真正履行业主的基本职责，没有发挥工程建设业主的核心主导作用，缺乏对建设管理单位、监理单位、施工单位的监督和管理。

（2）建设管理单位西能公司在建设管理过程中安全监督执行不严格，对危险性重大的项目监管存在漏项。

西能公司毛家河建管处对施工单位、监理单位在工程建设管理中监督执行不严，没有充分发挥有效的安全管理及考核手段，没有真正做到施工现场的全面掌控和指导。对调压井吊篮作业这一危险性较大的项目没有引起足够的重视，在吊篮安装、验收、使用中未进行有效监管，致使安全技术措施、操作规程未得到落实，未督促监理单位对调压井门槽钢筋检查工作进行旁站。

（3）项目监理贵阳院履职不到位，没有达到为业主献计献策，提供技术、安全支撑，没有切实履行现场监管作用。

对吊篮作业未执行旁站监理，施工方案审查把关不严，存在重大漏项，吊篮安装完毕后未组织参与验收，又没有采取有效措施，对施工单位的不良行为采取放之任之的态度。对调压井门槽钢筋检查工作涉及夜间作业、特种作业、高处作业未提出保护和防范措施，施工中未安排人员进行现场跟踪，对施工单位的违章行为没有及时制止。

（4）水电三局毛家河项目部安全管理人员安全意识淡薄，责任心不强，对作业队伍管理和监督工作停留在纸面上，施工方案存在重大漏项，没有安排专人进行全程监督，对重大现场作业及安全风险较大的作业面未通知建管单位及监理单位进行现场监护，作业人员违章没得到及时制止。

（5）作业队伍云南水利机械有限责任公司违章作业。

分包单位云南水利机械有限责任公司施工作业人员安全意识淡薄，自身保护意识差。操作过程中未设专人指挥、专人监护；乘坐过程中只佩戴安全带、未系安全绳。违反《高处作业吊篮》（GB 19155—2003）第9条规定、《电业安全工作规程》（GB 26164.1—2010）第15.6条有关规定。吊篮未安装防坠装置或安全绳，未进行有关荷载重实验，未组织验收。违反《高处作业吊篮》（GB 19155—2003）第6条、第7条第8条规定。

（四）防范及整改措施

（1）细化业主单位在基本建设管理中的安全职责，明确业主单位主要负责人为施工现场安委会主任，全面履行业主在安全管理中的核心和主导作用。针对金元集团水电建设管理界面不清晰的问题，将整合水电板块人力资源，充实水电建设管理的队伍建设，确保水电基本建设得到根本改观，切实把"四控两管一协调"工作落到工作中。

1）针对这两起事故暴露的问题，金元集团、西能公司从各层面、多角度进行了反思，结合企业及自身岗位实际，深刻反思查找在体制、机制及履职尽责、到岗到位等方面存在的问题，认真查改管理上存在的漏洞和薄弱环节，要让全系统各级管理人员都受较大震动和警醒，切实强化安全意识，落实各级的安全责任制。

2）金元集团召开了专题会，重新明确了领导分工，重新修订了《中电投贵州金元集团股份有限公司水电建设管理办法》，理清了水电建设管理的基本流程，以及水电部与西能公司的管理界面，加强业主的核心主导地位。

3）金元集团已成立水电管理体制改革领导小组，明确以水电总厂为主体整合人力资源，充实专业管理队伍，履行业主"四控两管一协调"的职能。

（2）从 2014 年 8 月 18 日开始，至 9 月 24 日，金元集团董事长尹贵荣、党委书记赵焰、总经理朱绍纯已陆续对金元集团在建的五个水电建设项目（毛家河、象鼻岭、冗各、上尖坡、高生）开展调研工作。通过调研工作，公司领导已下决心从管理体制机制、管理流程、管理模式、管理人力资源配置等方面作重大调整，切实扭转之前的不利局面，将把水电基本建设作为金元集团近期及今后一项重要工作来抓。

（3）公司决定，将正在建设的茶园电厂纳入安健环体系建设管理模式，通过茶园电厂的示范引领作用，逐步推广到水电建设的管理之中，力争早日实现工程建设领域的安全管理模式从被动到主动的转变，确保工程建设领域的本质安全。

（4）充实水电建设一线安全生产管理骨干，已经抽调 7 名有工作经验的技术骨干到毛家河水电站项目部。同时，为借鉴中电投集团系统兄弟单位在基本建设领域的良好实践和高水平的管理模式，金元集团已由西能公司与云南国际进行了积极的沟通和协调，聘请相关专家充实到象鼻岭及毛家河两水电站的现场管理中去，以培养和提高本单位的建设管理水平。

（5）8 月 20 日，金元集团组织毛家河水电站施工单位、监理单位、建设管理单位等 30 余名各层级骨干在发耳电厂进行了安全知识的教育，学习了《安全生产法律法规与标准》《安全生产应急管理》《安全生产技术与安全》《脚手架搭设操作规程》《金元集团反违章管理制度与典型违章界定》等，通过考试对施工单位 2 名不合格的中层管理人员进行了劝退。

（6）全面开展隐患排查治理，坚决遏制安全事故的发生。金元集团所有水电建设项目现场施工作业面停止施工（正常的安保、防洪防汛工作除外），西能公司各项目建管处组织所有施工单位全面开展安全隐患排查，重点查思想、查领导、查制度体系、查事故隐患，制定切实可行整改方案，报项目建管处、监理批准后及时组织实施，安全隐患项目整改完成后，由西能公司各项目建管处向金元集团书面申请复工，经金元集团组织相关人员验收合格后下发复工指令。

（7）深刻吸取事故教训，系统进行安全教育培训与学习工作。西能公司水电各项目建管处督促各施工单位全面进行安全教育学习，学安规、二十五项反措及施工有关的安全技术措施，并组织考试合格，督促各施工单位班组开展好站班会、定期安全活动；由金元集团组织对各水电建设项目各参建单位安全管理人的安全教育培训，并经考试合格。

（8）全面清理对卷扬机、吊篮、门机、桥机等特种设备的管理，注重对高处作业、临边防护的管理。对调压井卷扬机、吊篮重新安装，吊篮平台、悬挂机构、提升机构、制动器、安全保护装置必须符合《高处作业吊篮》（GB 19155—2003）的相关要求，由监理组织验收合格后投入使用，操作过程中必须设专人指挥，乘坐吊篮人员必须系安全带、安全绳；做好特种设备日常维护保养及定期检验工作，加强特种作业人员的培训工作；高处作业、临边防护必须符合《电业安全工作规程》（GB 26164.1—2010）第15条有关规定。

（9）理顺建设业主与监理单位的合同管理，按照合同约定监督监理单位的履职工作。一是由金元集团约谈监理单位贵阳院分管安全的领导，从领导层面引起对毛家河水电站建设工程的监理工作的高度重视；二是责令贵阳院调整现场监理人员，增加经验丰富的技术骨干；三是由项目业主单位建立对监理单位的履职情况评价制度，每月对监理单位的履职情况进行考评，建立评价、约谈、辞退机制。严格执行监理实施细则、旁站监理，认真履行监理职责。

（10）加大水电基本建设管理力度，确保参建各方责任到位。一是由金元集团约谈水电三局分管安全的领导，责成水电三局更换项目经理，要求水电三局成立整改督导组，从体制、机制上，从人员思想上，对现场安全隐患各环节进行梳理，查找不足，下决心进行整改，提高工作标准，加强执行力，彻底改变施工现场安全管理状况。二是金元集团进一步强化业主基本职责，加强对外包外协单位的资质审查，坚决杜绝资质挂靠、非法转包分包；补充完善夜间作业等管理制度，严格督促各施工单位认真执行。三是加大现场"三违"查处力度并严格兑现考核，督促监理、施工单位违章管理常态化。

（11）由金元集团约谈了西能公司、黔西北水力发电总厂的领导班子和相关生产、安全的负责人，要求两单位立即整合管理资源，以优势力量扭转现状，切实履行相关职责，并将两单位在金元集团层面进行了通报批评。

（12）严格落实"四不放过"原则。从各个环节上深刻剖析事故根源，逐项制定整改措施，消除管理短板，并将按金元集团安全生产奖惩办法对相关责任人员进行追究，要确保金元系统各单位吸取本次安全事故的教训。

九、丽水500kV万象—瓯海线路送出工程"8·4"较大中毒事故

（一）事故简述

2014年8月4日，由浙江省火电建设公司总承包、浙江恒越建设工程有限公司专业分包基础施工的丽水500kV万象—瓯海线路送出工程，在位于莲都区联城街道坑口村的1号铁塔A腿基座基坑进行抽排水作业时，1名施工人员因一氧化碳中毒晕倒坑底，因施救不当又造成4名施救人员陆续中毒，2人当天死亡，3人住院治疗。

（二）事故经过

2014年8月4日15：00左右，本工程施工人员张××（班长）、汪××、王××、童××、吴××、张×等6人来到位于联城街道坑口村附近山坡上的G1号铁

塔施工。该铁塔有 4 个基坑，1 个基坑处于掏挖阶段，1 个基坑已掏挖好需要抽排积水，2 个基坑已经进入扎钢筋绑扎阶段。每个基坑深 9m 左右，基坑口直径 2.8m，基坑口至坑底渐宽，坑底直径约为 4.8m。由张××具体安排工人工作，张××本人和张×主要负责现场看护，汪××、王××、吴××负责扎钢筋，童××主要负责抽排积水等工作。18：00 左右，张××安排童××下到基坑里抽排积水。童××就通过软梯下到基坑里，启动当时放在基坑底的汽油机高压水泵，水泵启动后，童××返回基坑口。约 30 分钟后，童××再次下到基坑查看汽油剩余量时晕倒，在基坑口监护的张××看到童××晕倒后，就跑到其他基坑口呼叫扎钢筋的工人救人（距离 10m 作业左右），张××赶紧跑回事故基坑并下到基坑底施救。张×等人从其他 2 个基坑跑到事故基坑，看到张××摇晃童××，童××一动不动，他们都以为是中暑，在找绳子准备将童××和张××吊上来时，发现张××也晕倒在基坑内，于是，王××、吴××、汪××也先后下到基坑里帮忙，结果全部都晕倒在基坑内。

（三）事故原因

1. 直接原因

施工班组将改用的汽油机水泵设在深基坑底部抽排积水，且无机械通风换气，使坑内有限空间短时间积聚大量的一氧化碳等有害气体，导致 1 名施工人员下基坑操作时因一氧化碳中毒晕倒，基坑外人员误判其中暑，盲目下基坑施救导致多人陆续中毒。

2. 间接原因

（1）铁塔深基坑施工安全技术交底不到位，未严格按审定批准的《基础施工安全保障措施》《深基坑开挖专项施工方案》组织施工。

（2）未针对深基坑有限空间作业进行安全教育和考试、告知操作规程和违章操作的危害，施工、监护和管理人员缺乏有限空间中毒窒息防护和应急救援知识。

（3）将分包工程违法转包给无执业资格的个人组织施工，导致施工现场安全管控措施不落实。

（4）对《基础施工安全保障措施》《深基坑开挖专项施工方案》的落实现场监督检查不力。

（5）未针对深基坑有限空间作业制定和落实安全生产责任制度及作业审批、培训教育、安全设施监管、检测等规章制度和安全操作规程。

（6）未针对深基坑中毒窒息事故编制现场处置方案、配备应急器材、进行应急救援培训和演练。

（7）对在建电力工程安全生产行政监管严重缺位，对违法违规施工行为查处不力。

（四）防范及整改措施

（1）切实强化企业安全生产主体责任。

1）浙江恒越建设工程有限公司必须认真贯彻执行国家有关安全生产的法律、法规、标准，依法落实安全生产主体责任，认真履行施工承包合同的各项义务，建立健全并严格执行安全生产责任制、安全生产教育培训等各项规章制度和操作规程制度；必须建立安全管理机构，选派有资质的项目经理和专职安全员，并明确各岗位职责；必须编制有限空间等危险性较大的分部分项工程的专项施工方案，落实安全施工措施，派专职安全生产管理人员进行现场监督；必须制定生产安全事故应急救援预案，建立应急救援组织或者配备应急救援人员，保障安全投入，配备必要的检测和应急救援器材、设备，并定期组织演练。加强教育培训和考试，提高从业人员的安全意识和操作技能，严禁无证上岗；必须加强施工现场管理，及时开展隐患排查治理，确保施工安全。

2）浙江省火电建设公司必须认真履行施工总承包单位安全职责，严格贯彻落实国家有关安全生产的法律、法规及电力设施建设的安全管理要求，制定完善并执行安全管理制度，保证安全文明施工各项措施落实到位。加强对分包单位的安全生产工作统一协调、管理，制定完善施工分包管理制度，定期进行监督、检查、评价、考核。建立健全施工机械安全管理体系，落实施工机械管理责任制，加强对施工机械使用过程的安全管理工作。建立安全风险管理体系和应急管理体系，完善应急预案，配备检测和救援设备设施，对预案定期进行有针对性的演练。加强从业人员的安全教育培训，严禁分包单位项目经理、专职安全员、特种作业人员无证上岗。认真督促分包单位按规定编制深基坑作业等危险性较大的分部分项工程的专项施工方案并组织严格施工。加强施工现场管理，经常组织检查施工项目部安全管理工作的开展情况，掌握工程现场安全动态，及时排查隐患，提出整改措施，确保整改到位。

3）浙江电力建设监理有限公司必须认真履行安全监理职责，明确安全监理目标、措施、计划，编制安全监理工作方案。要严格审查项目管理实施规划（施工组织设计）中安全技术措施或专项施工方案是否符合工程建设强制性标准，严格审查项目施工过程中的风险、环境因素识别、评价及其控制措施是否满足适宜性、充分性、有效性的要求，严格审查施工分包队伍的安全资质文件并对施工分包进行全过程监督；严格审查施工项目经理、专职安全员、特种作业人员的上岗资格，监督其持证上岗；严格审查施工机械、工器具、安全防护用品（用具）的进场，督促施工单位加强管理，禁止随意使用。要督促施工项目部开展安全教育培训工作，提高从业人员安全意识和能力，对不符合有关条件或不称职的三类人员，要督促施工单位予以撤换。在实施监理过程中，对发现的安全事故隐患，要督促施工项目部整改；情况严重的，要求施工项目部暂时停止施工，并及时报告建设管理单位或当地政府。要组织或参加各类安全检查，掌握现场安全动态，收集安全管理信息，针对施工现场安全现状以及存在的薄弱环节，提出整改要求和具体措施，督促责任方落实整改。

（2）切实加强建设管理单位的安全责任。

国网丽水供电公司必须按照省电力公司的相关规定和丽水市政府安全生产目标管理责任制的要求，认真分析电力施工特别是特高压等重点工程施工事故多发的原因，举一反三，切实加强电力设施建设的安全属地管理。

1）严格贯彻落实《安全生产法》《建设工程安全生产管理条例》等法律、法规和《国家电网公司基建安全管理规定》《国家电网公司电网建设工程分包管理办法》等规定，制订年度基建特别像特高压这类国家和省重点电网建设工程的安全管理工作方案，制定工程项目安全目标和主要保证措施并组织实施。要建立和完善工程建设安全管理网络，加大现场安全管理力度，加强现场施工过程检查、巡查、监督和指导。

2）认真督促施工等项目参建企业严格履行相关合同中有关安全施工责任；对工程项目安全管理工作不符合有关条件或不称职的施工项目经理、安全管理人员，要求相关单位予以撤换。督促施工单位开展安全风险评估和危险因素辨识，编制危险性较大的分部分项工程的专项施工方案和应急救援预案。督促加强施工机械管理，配备应急救援设备设施，开展应急救援演练。督促施工单位认真落实领导带班制度，加强现场管理，开展隐患排查，及时消除隐患。督促施工单位加强教育培训工作，提高从业人员的安全意识和应急救援能力，严禁无证上岗。

3）督促监理单位按照法律、法规和工程建设强制标准认真履行监理安全职责，建立健全安全监理工作制度，加强对项目安全的监理巡查力度，及时督促施工单位落实好各项安全生产管理制度，严格执行工程危险作业旁站监理制度，对安全管理工作不称职的项目总监理工程师、安全监理人员，要求监理单位予以撤换。

（3）切实强化政府的安全监管责任。

1）莲都区政府要切实加强对安全生产工作的领导，严格执行安全生产法律法规，全面落实安全生产责任，确保认识到位、领导到位、机构到位、措施到位、工作到位。

2）联城街道办事处要进一步强化红线意识和底线思维，深刻认识安全生产的极端重要性，时刻绷紧安全生产这根弦，认真履行属地监管责任。

3）建筑行业主管部门必须坚持管行业必须管安全的原则，认真履行行业安全监管职责。严格施工资质等审批许可制度，坚持"谁主管、谁负责"，"谁许可、谁负责"，"谁发证、谁负责"的原则，严格审查、严格把关、严格监管，严厉打击出借资质、非法转包、违法分包、以包代管、个人执业资格挂靠等各种非法违法行为。

十、中电投贵州金元集团毛家河水电站"8·9"淹溺事故

（一）事故简述

2014年8月9日，中电建水电三局安全员在中电投贵州金元集团毛家河水电站的大坝溢流面台阶处查看停工整改情况时，不慎失足滚落至消力池中，造成1人

死亡。

（二）事故经过

2014年8月9日14：00，湖南娄底建设工程有限公司按照毛家河水电站停工整改要求对大坝溢流面建筑垃圾、遗留物进行清除，3名人员系好安全绳从4号坝段坝顶降至溢流面开始作业。15：00，施工组长兼安全员阳××，系好安全绳从4号坝段坝顶降至溢流面最高一层消力台阶（高宽：1000mm×850mm、EL1269.5m）进行检查监护，并擅自解除安全绳，于15：10不慎临边踏空，滚入消力池（消力池底板高程为EL1239.0m，目前水面高程约为EL1250.0m）。

现场人员发现阳××滚入消力池后立即组织施救并拨打当地120急救电话。于15：50利用塔吊将阳××从消力池施救至安全地点并进行临时急救后，立即送往六盘水市人民医院抢救，17：30，医院宣布阳××经抢救无效死亡。

（三）事故原因

1. 直接原因

（1）协作队伍安全员兼施工组长阳××在进行安全整改期间，安全意识淡薄，自身保护意识差，临边作业监护中擅自解除安全绳，不慎临边踏空，滚入消力池，造成颅脑外伤，胸腹脏器伤，溺水死亡。

（2）现场安全设施不完善，监护人员监护不到位。

2. 间接原因

（1）建设管理单位西能公司安全管理麻痹大意，安全教育培训工作未真正落地，在"7·24"安全事故以后，虽然现场进行全面停工整改，但参建各方没有真正吸取事故血的教训，事故防范措施没有落实。出现大坝区域的安全管理人员也在现场整改过程中出现违章行为，安全防范意识未得到真正提高。

（2）监理单位贵阳院安全隐患排查不仔细，现场监督工作存在盲点。在现场整改期间，监理单位未全面排查安全隐患，对违章行为的查出力度也不够，一是对安全排查人员擅自解除安全绳的现象没有及时发现；二是在溢流台阶边缘没有及时恢复安全防护的情况下也未督促施工单位进行完善，致使临边防护不到位，隐患排查中存在漏项。

（3）水电三局毛家河项目部安全管理基础薄弱，管理人员素质不高，责任心不强。水电三局对协作队伍安全管理不深入，未深刻吸取"7·24"事故教训，违章现象没有得到根本的遏制，在作业前对危险辨识和风险评估工作做得不细，安全隐患排查不彻底。

（四）暴露问题

（1）业主核心地位在工程管理上未得到发挥，致使金元集团规章制度约束力减弱，对施工现场控制力下降。对水电建设业主的"四控、两管、一协调"责任落实不到位，在工程建设安全管理方面存在"以包代管、以罚代管"的现象。同时暴露了金元集团水电部、西能公司、黔西北水力发电总厂等存在职责界面不清晰。

1）金元集团水电部对水电建设安全管理工作不深入，在安全、投资、进度和质量等关系环节中，没有真正贯彻落实"安全第一"的思想。水电部（中水公司）既是业主管理单位，又是水电建设专业管理的归口管理部门，作为水电建设的安全保障体系，未理清与受托管理单位西能公司的安全管理界面，业主单位的安全管理职责未落到实处。

2）金元集团安全环保部对历次组织检查出的安全问题整改督促不到位，对未完成的项目没有立即采取考核措施，致使有些安全隐患项目未得到及时消除。

（2）西能公司作为金元集团三级单位，全权代表业主单位履行现场"四控、两管、一协调"的一切事务工作，但在安全管理方面存在监督不严、违章查处不严、安全管理中碍于面子，讲情面，对查出的隐患未逐条按时监督落实，安全闭环执行不好。在进度与安全发生矛盾时没有把安全放在首位。对危险性较大的项目未监督施工单位严格执行审批的安全技术措施，存在技术交底不彻底现象。

（3）监理单位贵阳院毛家河项目部监理履职存在不足。

1）对吊篮安装、验收、使用等环节监督不到位，未监督施工单位严格执行审批的施工技术方案、安全措施，对危险性较大的高空作业未派人现场旁站。

2）监理过程中对施工现场违章现象习以为常，熟视无睹，管理人员安全意识和责任心不强，滋生了施工单位为所欲为的工作作风。

3）监理人员技术水平、业务素质参差不齐，人员配备不合理，多数是刚参加工作不久、经验不足的外聘人员。

（4）水电三局毛家河项目部安全管理基础薄弱，对安全管理工作没有高度重视，安全投入不足。主要体现在四个方面：

1）安全管理流程不清楚。对卷扬机和吊篮等特种设备安装后未规范组织验收、不试重，不及时提请监理单位组织验收，作业人员在使用中不严格执行操作规程，作业过程中监管不到位。

2）"三违"纠察工作不仔细，隐患排查、整改不彻底。现场施工违章现象未得到根治，致使整改过程中再次发生安全事故。历次安全检查出的问题未全部闭环，如现场高空临边防护不到位，安全网、护栏仍有缺口；设置的个别楼梯坡度大且无护手；脚手架搭设跳板未满铺、存在翘头板，探头管太长，未设置方便人员上下的梯步，未组织验收挂牌；主厂房氧气乙炔瓶无防震圈、安全距离不够、未绑扎固定；临时施工电源电缆未架空布置、未设置漏电保护；水机层大量油渍未清理等安全隐患；现场部分安全警示、标示、标志不全等。

3）内部管理混乱，执行力不强。7月31日监理下发大坝吊篮停止使用的整改通知后仍置若罔闻，屡禁不止（8月1日至8月2日大坝迎水面作业违规使用吊篮）。

4）对危险性较大的工作，特别是"7·24"事故作业的调压井门槽钢筋的处理，涉及特种作业及高处作业，危险性特别大，但安排到夜间作业且无特护措施，安全工作缺乏周密考虑，制度建设不健全。

（五）防范及整改措施

（1）细化业主单位在基本建设管理中的安全职责，明确业主单位主要负责人为施工现场安委会主任，全面履行业主在安全管理中的核心和主导作用。针对金元集团水电建设管理界面不清晰的问题，将整合水电板块人力资源，充实水电建设管理的队伍建设，确保水电基本建设得到根本改观，切实把"四控两管一协调"工作落到工作中。

1）针对这两起事故暴露的问题，金元集团、西能公司从各层面、多角度进行了反思，结合企业及自身岗位实际，深刻反思查找在体制、机制及履职尽责、到岗到位等方面存在的问题，认真查改管理上存在的漏洞和薄弱环节，让全系统各级管理人员都受较大震动和警醒，切实强化安全意识，落实各级的安全责任制。

2）金元集团召开了专题会，重新明确了领导分工，重新修订了《中电投贵州金元集团股份有限公司水电建设管理办法》，理清了水电建设管理的基本流程，以及水电部与西能公司的管理界面，加强业主的核心主导地位。

3）金元集团已成立水电管理体制改革领导小组，明确以水电总厂为主体整合人力资源，充实专业管理队伍，履行业主"四控两管一协调"的职能。

（2）从 2014 年 8 月 18 日开始，至 9 月 24 日，金元集团董事长尹贵荣、党委书记赵焰、总经理朱绍纯已陆续对金元集团在建的五个水电建设项目（毛家河、象鼻岭、冗各、上尖坡、高生）开展调研工作。通过调研工作，公司领导已下决心从管理体制机制、管理流程、管理模式、管理人力资源配置等方面作重大调整，切实扭转之前的不利局面，将把水电基本建设作为金元集团近期及今后一项重要工作来抓。

（3）公司决定，将正在建设的茶园电厂纳入安健环体系建设管理模式，通过茶园电厂的示范引领作用，逐步推广到水电建设的管理之中，力争早日实现工程建设领域的安全管理模式从被动到主动的转变，确保工程建设领域的本质安全。

（4）充实水电建设一线安全生产管理骨干，已经抽调 7 名有工作经验的技术骨干到毛家河水电站项目部。同时，为借鉴中电投集团系统兄弟单位在基本建设领域的良好实践和高水平的管理模式，金元集团已由西能公司与云南国际进行了积极的沟通和协调，聘请相关专家充实到象鼻岭及毛家河两水电站的现场管理中去，以培养和提高本单位的建设管理水平。

（5）8 月 20 日，金元集团组织毛家河水电站施工单位、监理单位、建设管理单位等 30 余名各层级骨干在发耳电厂进行了安全知识的教育，学习了《安全生产法律法规与标准》《安全生产应急管理》《安全生产技术与安全》《脚手架搭设操作规程》

《金元集团反违章管理制度与典型违章界定》等，通过考试对施工单位 2 名不合格的中层管理人员进行了劝退。

（6）全面开展隐患排查治理，坚决遏制安全事故的发生。金元集团所有水电建设项目现场施工作业面停止施工（正常的安保、防洪防汛工作除外），西能公司各项目建管处组织所有施工单位全面开展安全隐患排查，重点查思想、查领导、查制度体系、查事故隐患，制定切实可行整改方案，报项目建管处、监理批准后及时组织实施，安全隐患项目整改完成后，由西能公司各项目建管处向金元集团书面申请复工，经金元集团组织相关人员验收合格后下发复工指令。

（7）深刻吸取事故教训，系统进行安全教育培训与学习工作。西能公司水电各项目建管处督促各施工单位全面进行安全教育学习，学安规、二十五项反措及施工有关的安全技术措施，并组织考试合格，督促各施工单位班组开展好站班会、定期安全活动；由金元集团组织对各水电建设项目各参建单位安全管理人的安全教育培训，并经考试合格。

（8）全面清理对卷扬机、吊篮、门机、桥机等特种设备的管理，注重对高处作业、临边防护的管理。对调压井卷扬机、吊篮重新安装，吊篮平台、悬挂机构、提升机构、制动器、安全保护装置必须符合《高处作业吊篮》（GB19155—2003）的相关要求，由监理组织验收合格后投入使用，操作过程中必须设专人指挥、乘坐吊篮人员必须系安全带、安全绳；做好特种设备日常维护保养及定期检验工作，加强特种作业人员的培训工作；高处作业、临边防护必须符合《电业安全工作规程》（GB 26164.1—2010）第 15 条有关规定。

（9）理顺建设业主与监理单位的合同管理，按照合同约定监督监理单位的履职工作。一是由金元集团约谈监理单位贵阳院分管安全的领导，从领导层面引起对毛家河水电站建设工程的监理工作的高度重视；二是责令贵阳院调整现场监理人员，增加经验丰富的技术骨干；三是由项目业主单位建立对监理单位的履职情况评价制度，每月对监理单位的履职情况进行考评，建立评价、约谈、辞退机制。严格执行监理实施细则、旁站监理，认真履行监理职责。

（10）加大水电基本建设管理力度，确保参建各方责任到位。

1）由金元集团约谈水电三局分管安全的领导，责成水电三局更换项目经理，要求水电三局成立整改督导组，从体制、机制上，从人员思想上，对现场安全隐患各环节进行梳理，查找不足，下决心进行整改，提高工作标准，加强执行力，彻底改变施工现场安全管理状况。

2）金元集团进一步强化业主基本职责，加强对外包外协单位的资质审查，坚决杜绝资质挂靠、非法转包分包；补充完善夜间作业等管理制度，严格督促各施工单位认真执行。

3）加大现场"三违"查处力度并严格兑现考核，督促监理、施工单位违章管理常态化。

（11）由金元集团约谈了西能公司、黔西北水力发电总厂的领导班子和相关生产、安全的负责人，要求两单位立即整合管理资源，以优势力量扭转现状，切实履行相关职责，并将两单位在金元集团层面进行了通报批评。

（12）严格落实"四不放过"原则。从各个环节上深刻剖析事故根源，逐项制定整改措施，消除管理短板，并将按金元集团安全生产奖惩办法对相关责任人员进行追究，要确保金元系统各单位吸取本次安全事故的教训。

十一、国电电力大同浑源县大仁庄风电项目"8·22"输电施工抱杆倾倒事故

（一）事故简述

2014 年 8 月 22 日，山西弘桥电力工程有限公司劳务人员在山西供电工程承装公司承包的浑源大仁庄风电场 220kV 送出线路工程广灵段（南村镇山神庙村）50 号塔位组装铝合金抱杆等工具时，发生一起抱杆倾倒事故，导致正在抱杆上施工作业的两名人员从抱杆顶部（大约 24m）高处坠落，在抱杆作业的另一人员从中部（大约 10m）坠落，造成 2 人死亡、1 人轻伤，直接经济损失 260 万元。

（二）事故经过

2014 年 8 月 22 日，山西弘桥电力工程有限公司项目部带班班长雷××带领工人刘××、李贵×、田××、邓××、蒋××等人，把塔材和施工工器具运到施工现场，大约 15：00，班长雷××为节约时间在 G50 号塔现场提前熟悉工器具，开始组装抱杆和调试抱杆拉线。17：30 左右，抱杆（高度 24m）立起后，邓××、蒋××、田××三人上抱杆安装机动绞磨吊装用钢丝绳，雷××重新检查抱杆拉线是否固定好，在检查过程中，雷××发现抱杆三号拉线（东南方向拉线）制动器方向安反，随后就用链条葫芦固定好拉线处理错误并松开制动器。18：00 左右，链条葫芦钢丝绳的钢卡子突然打滑脱落拉线松开，致使铝合金抱杆倾倒，导致在抱杆顶端作业的邓××、蒋××二人坠落到山坡下当场死亡（高度在 30m 左右），在抱杆中间作业的田××轻伤（高度在 10m 左右）。

事故发生后，带班班长雷××一边组织现场人员将摔下的三人抬上现场拉料的三轮车往山下送，一边给工地负责人李智×打电话，让他把面包车开过来拉人往下送。三轮车把三人拉到半山腰时，李智×的面包车就到了，随后将邓××、蒋××、田××三人转到面包车上，在车中李智×打电话给 120 联系救护车在南村镇碰面，同时向 110 报警。在南村镇遇到 120 救护车后，医护人员确认邓××、蒋××已死亡，田××被 120 救护车接到医院救治。

（三）事故原因

1. 直接原因

邓××、蒋××、田××三人在未仔细检查抱杆和拉线的情况下，就上抱杆登高作业，违反高空作业规程；同时，雷××（班长）在检查抱杆三号拉线和塔基固定制动器安反错误后，没有及时让在高空作业的人员撤下来就用链条葫芦固定拉线盲目处理制动器安反问题，导致拉线钢丝绳卡子打滑脱落，抱杆失去平衡倾倒，违反了国家电网公司《安全工作规程》（电力线路 2009）第 9.3.15 之规定和电力行业"十不准"要求，导致在高空作业的邓××、蒋××、田××等人坠落，造成二死一轻伤。

2. 间接原因

（1）安全管理不到位。

1）山西弘桥电力工程有限公司安全管理人员安全意识缺失，未尽到安全管理职责，未能履行其在分包合同中的权利和义务，且施工现场管理混乱，对事故隐患排查不力，未能及时发现并制止施工人员的违章行为。

2）山西供电工程承装公司项目部管理人员安全责任意识淡薄，未尽到安全管理职责，对工程分包单位现场施工管理不严格，未能及时发现并制止分包单位施工人员的违章行为。

（2）教育培训不到位。

1）山西弘桥电力工程有限公司对施工人员安全教育培训不到位，未督促施工人员严格执行施工现场设备安全操作规程，导致施工人员安全意识松懈，对违章作业的危险因素认识不足，自我防范意识不强。

2）山西供电工程承装公司未正确履行其在分包合同中的义务，对山西弘桥电力工程有限公司在从业人员安全教育上要求不严格，施工现场可能存在的危险因素和应采取的措施及要求不到位，导致施工人员安全意识淡薄，对存在的危险性认识不足。

（3）安全监管不到位。

南村镇人民政府、县经信局防范措施不得力，履职不到位，安全监管有漏洞。

（四）防范及整改措施

（1）加强风电建设项目的安全监管，督促落实企业安全主体责任。

南村镇政府、县经信局等相关职能部门，一定要加强风电项目施工建设安全的日常监管检查。督促企业进一步落实安全生产主体责任，进一步建立和完善以安全生产责任制为重点的安全管理制度，加强对施工现场和高危作业的动态管理，尤其是对施工劳务分包方面的监管，要依法督促企业落实安全生产主体责任，认真执行电力建设行业方面的法律法规和规章，严禁不具备安全生产条件的企业进入工地施工，严格查处违法违章施工作业，对违反规定的企业和个人，要从严惩处，加大处罚力度。

（2）认真组织开展安全生产大检查，全面排查治理各种事故隐患。

南村镇政府、县经信局等相关职能部门要深刻吸取事故教训、提高认识，对所辖企业和所管行业认真开展安全生产大检查，按照"全覆盖、零容忍、严执法、重实效"的总要求，采取切实有效的措施，全面深入排查安全生产隐患，做到不走过场、不留死角，真查真治。对查处的问题要下大力气解决，要努力使安全隐患排查治理工作制度化、常态化、长效化，把事故隐患消灭在萌芽状态。

（3）全县风力发电企业要立即行动起来，做好事故隐患的自查自纠工作。

在本县辖区内的所有风力发电企业，尤其是山西弘桥电力工程有限公司和山西供电工程承装公司一定要深刻吸取教训，举一反三，加强本企业的安全生产管理工作，认真开展好本企业事故隐患排查治理工作，对查出的隐患，要立即整改，一时难以整改的，要做到整改责任人、时限、资金、措施、预案"五落实"，确保整改到位。加大对职工的安全生产教育投入，做到防患于未然，确保不再发生类似事故。

十二、重庆市庆安电力安装工程有限公司"9·10"触电事故

（一）事故简述

2014年9月10日，重庆市庆安电力安装工程有限公司承建的石柱县新建10kV龙泉至飞水岩主干线（以下简称10kV龙飞线）工程项目，作业人员在架线作业过程中，发生一起触电事故，造成1人死亡，直接经济损失约95万元。

（二）事故经过

2014年9月10日14：30左右，架线工李××、李×、晏××和另外三名杂工来到马武镇腾龙村岩口（小地名）新建10kV龙飞线工程项目工地上开始施工作业，李×和一名杂工在47号电桩连接跳线，李××和一名杂工在47号电桩打档距、定位，晏××在49号电桩连接跳线。14：40左右，当李××走到48号电桩时，听见刺耳的"噗噗"声，他循声望去，看见在48号和49号电桩之间距49号电桩19m处的左侧电线与横跨在之上的鱼泉电站10kV入网线粘连在一起，并冒出浓烟和火花，晏××的左手压在49号电桩上的左侧电线上，且手压电线处也在燃烧。于是，负责现场施工和安全管理的李××立即往49号电桩跑去，在途中，他看见晏××从49号电桩上坠落下来，李××跑到49号电桩处时，看见晏××躺在地上，左手已被烧断，人已没了呼吸。

（三）事故原因

1. 直接原因

石柱县新建10kV龙飞线工程项目架线工晏××安全意识淡薄，自我保护能力不强，在不具备高压电工、登高作业、入网许可资格证且对与10kV龙飞线路垂直距离只有0.5m的上跨交叉的带电10kV鱼泉电站入网线路未采取断电措施的情况下，冒险蛮干、违规在10kV龙飞线49号电桩上进行架线作业，造成10kV龙飞线49号电桩上的左侧电线导电而自己触电身亡。

2. 间接原因

（1）将工程转包给不具备安全生产条件和资质的个人。

《中华人民共和国安全生产法》第四十一条第一款规定："生产经营单位不得将生产经营项目、场所、设备发包或者出租给不具备安全生产条件或者相应资质的单位或者个人。"《国家电网公司电力建设工程分包、劳务分包及临时用工管理规定（试行）》（国家电网基建〔2005〕531号）第五条第一款规定："公司系统电力建设工程禁止转包和违法分包。"经查，重庆市庆安电力安装工程有限公司将石柱县新建10kV龙飞线工程项目转包给了不具备承揽10kV送电线路工程施工建设安全生产条件和资质的郎××（自然人）。

（2）工程承包人不具备安全生产条件和相应资质。

《中华人民共和国安全生产法》第十六条规定："生产经营单位应当具备本法和有关法律、行政法规和国家标准或者行业标准规定的安全生产条件；不具备安全生产条件的，不得从事生产经营活动。"《建设工程安全生产管理条例》（国务院令第393号）第二十条规定："施工单位从事建设工程的新建、扩建、改建和拆除等活动，应当具备国家规定的注册资本、专业技术人员、技术装备和安全生产等条件，依法取得相应等级的资质证书，并在其资质等级许可的范围内承包工程。"《电力建设安全生产监督管理办法》（国家电力监管委员会〔2007〕38号）第二十一条规定："电力施工单位应当具备国家规定的安全生产条件，具备相应等级的资质证书并依法取得安全生产许可证，在许可的范围内电力建设工程施工活动。"经查，承包石柱县新建10kV龙飞线工程项目的郎××（自然人），不具备承揽10kV送电线路工程的安全生产条件、相应资质和安全生产许可证。

（3）安全管理人员无证上岗。

《中华人民共和国安全生产法》第二十条第二款规定："危险物品的生产、经营、储存单位以及矿山、建筑施工单位的主要负责人和安全生产管理人员，应当由有关主管部门对其安全生产知识和管理能力考核合格后方可任职。考核不得收费。"《建设工程安全生产管理条例》（国务院令第393号）第三十六条规定："施工单位的主要负责人、项目负责人、专职安全管理人员应当经建设行政主管部门或者其他有关部门考核合格后方可任职。"《电力建设安全生产监督管理办法》（国家电力监管委员会〔2007〕38号）第三十一条规定："电力施工的主要负责人、项目负责人、专职安全生产管理人员、特种作业人员应当按照国家有关规定接受安全教育培训，考核合格方可上岗。"经查，郎××聘请的架线作业人员和兼职安全管理人员李××未取得安全管理人员资格证。

（4）特种作业人员无证上岗。

《中华人民共和国安全生产法》第二十三条规定："生产经营单位的特种作业人员必须按照国家有关规定经专门的安全作业培训，取得特种作业操作资格证书，方可上岗作业。"《建设工程安全生产管理条例》（国务院令第 393 号）第二十五条规定，垂直运输机械作业人员、安装拆卸工、爆破作业人员、起重信号工、登高架设作业人员等特种作业人员，必须按照国家有关规定经过专门的安全作业培训，并取得特种作业操作资格证书后，方可上岗作业。《电力建设安全生产监督管理办法》（国家电力监管委员会〔2007〕38 号）第三十一条规定："电力施工的主要负责人、项目负责人、专职安全生产管理人员、特种作业人员应当按照国家有关规定接受安全教育培训，考核合格方可上岗。"《电工进网作业许可证管理办法》电监会 15 号令第四条规定："电工进网作业许可证是电工具有进网作业资格的有效证件。进网作业电工应当按照本办法的规定取得电工进网作业许可证并注册。未取得电工进网作业许可证或者电工进网作业许可证未注册的人员，不得进网作业。"经查，郎××聘请的李××、李×、晏××三名高压电力线路架线特种作业人员均未取得应当具备的高压电工、登高作业、入网许可资格证。

（5）对从业人员安全教育培训不到位。

《中华人民共和国安全生产法》第二十一条规定："生产经营单位应当对从业人员进行安全生产教育和培训，保证从业人员具备必要的安全生产知识，熟悉有关的安全生产规章制度和安全操作规程，掌握本岗位的安全操作技能。未经安全生产教育和培训合格的从业人员，不得上岗作业。"《建设工程安全生产管理条例》（国务院令第 393 号）第三十七条规定："作业人员进入新的岗位或者新的施工现场前，应当接受安全生产教育培训。未经教育培训或者教育培训考核不合格的人员，不得上岗作业。"经查，郎××未按规定对李××、李×、晏××等架线作业人员进行岗前教育培训和考核，以致架线工晏××不熟悉架线作业的安全操作规程，缺乏必备的电力线路作业安全知识和技能，而冒险、违规作业导致了触电事故的发生。

（6）施工作业现场安全管理不到位。

《中华人民共和国安全生产法》第三十五条规定："生产经营单位进行爆破、吊装等危险作业，应当安排专门人员进行现场安全管理，确保操作规程的遵守和安全措施的落实。"经查，晏××在上跨有交叉带电线路且安全距离不足的 10kV 龙飞线路的 49 号电桩上进行架线作业时，郎××落实的现场管理人员李××却在 47 号电桩处打档距、定位作业，未及时发现和制止晏××未断电作业的安全隐患而导致了事故的发生。

（四）防范及整改措施

（1）县经信委要深刻吸取此次事故教训，严格按国家规范化要求强化电力建设施工项目管理，督促企业落实主体责任。同时，结合"七打七治"打非治违专项行动，严格排查施工单位违法违规行为和事故隐患。对检查中发现的违法违规行为和事故隐患，严格按照法律法规规定进行查处和整治。对拒不接受整改的，要坚决实施停工等措施，并严肃处理有关责任单位和责任人员。

（2）马武镇人民政府要深刻吸取此次事故教训，强化属地监管责任，结合开展"七打七治"打非治违专项行动，开展一次辖区电力建设项目施工安全大检查，严格排查违法违规行为和事故隐患，对排查到的违法违规行为进行制止，对事故隐患要督促相关责任单位和整治到位，防止各类生产安全事故发生。

（3）重庆市庆安电力安装工程有限公司应深刻吸取此次事故教训，加强工程项目的管理，停止违法转包工程的行为，以严防各类生产安全事故的发生。

十三、福建龙净环保股份有限公司"9·23"武汉新港白浒山港区码头工程高处坠落事故

（一）事故简述

2014年9月23日，由福建龙净环保股份有限公司承建的武汉新港白浒山港区作业码头工程燃煤输送设备安装现场，工作人员谢×在安装现场工作时从作业面4楼坠至1楼受伤，送医后不治身亡。事故造成1人死亡，直接经济损失99万元。

（二）事故经过

2014年9月23日16：05，刘××、谢×、汤××三人进入该项目带式输送机系统工程工地，从T4转运站楼梯往BC5皮带机，准备按T4、BC5、BC4、T3、BC3、T2、BC2、T1、BC1的顺序全面检查带式输送机系统工程进度情况，以决定调试方案及时间。在检查到T3转运站四楼的时候，发现工地上已有部分公司同事在施工作业，安装队正在吊装落料斗（属于BC3头部）。16：05左右，刘××突然听到谢×"啊"的叫了一声，顺着声音看过去，谢×已从吊装孔空中往下落，随即谢×就坠落到一楼的地面上。公司在工地上的另外一些员工也赶到楼下，看见谢×头朝南，面朝东侧躺在地上，头部后脑、臀部、手臂上都有血迹。谢×呼吸很急促，不能说话。事故发生后，现场负责人刘××立即安排何××拨打120急救中心电话，然后向建设单位胡××主任报告，工地上的员工王××向公司工程处做了报告，建设单位立即向安监局报告了事故情况。16：20左右120急救车到达现场，将伤者送往中国人民解放军161医院进行抢救。当晚约23：30徐××向当地110报警。9月24日8：00左右医院报告，谢×因伤势严重，07：05经抢救无效死亡。

（三）事故原因

1. 直接原因

福建龙净环保股份有限公司现场安全管理不到位，职工违反操作规程，将原来存在的防护栏拆离后，在现场的管理人员没有有效制止或立即恢复护栏，又没安排专人在危险部位看护，是造成此次事故发生的直接原因。

2. 间接原因

（1）福建龙净环保股份有限公司安全制度落实不到位，培训教育不到位，操作

岗位无操作规程，无任何警示告知标识。

（2）福建龙净环保股份有限公司作业时未按《施工高处作业技术规范》要求，在电梯口内应每隔两层并多隔 10m 设一道安全网。

（3）武汉长航科达工程监理有限公司对工程安装工程中的安全监理工作不到位。

（四）防范及整改措施

（1）福建龙净环保股份有限公司应加强安全生产各项制度建设，确保高空危险作业安全防护措施管理到位，并认真执行安全技术和现场情况交底等安全制度。

（2）立即在全公司以本事故为案例，对员工进行一次安全培训和警示教育，全面提高危险辨识能力和自我防护意识，杜绝不安全行为，防止事故发生。

（3）加强施工安装现场管理，在危险作业现场，安排专人看护和指挥，并设置警示标识。

（4）立即对全公司进行一次安全生产隐患排查，对排查出的隐患，要明确责任、制订措施、限期整改到位，做到隐患排查不留死角、整改不留后患。

十四、宁波市新天下建设劳务公司"10·4"物体打击事故

（一）事故简述

2014 年 10 月 4 日，宁波市新天下建设劳务有限公司承建的浙江浙能台州第二发电厂主体厂房建设工地上一起物体打击事故，造成 1 人死亡。

（二）事故经过

2014 年 10 月 4 日 06：30，宁波市新天下建设劳务有限公司承建的浙江浙能台州第二发电厂主体厂房建设工地上，架子组组长徐××安排清洁工李××到 1 号机主厂房 17m 层 C—D 列 6—8 轴线区域进行建筑垃圾的清理工作。08：50 左右，李××进入到 C—D 列 2—3 轴线进行清理作业（此区域属于危险区域，四周设有防护围栏及安全警示标识）。这时，突发性强阵风吹过，致使高空 42m 层梁上一块 1.1mm 厚压型板滑落，砸到李××腰部。事故发生后，附近作业的架子组员工蔡××随即报告班组长，组长徐××立即报告公司项目部并赶到事发点。公司项目部马上安排应急车辆将伤者送至三门县人民医院进行抢救。11：00 左右李××经抢救无效死亡。

（三）事故原因

1. 直接原因

（1）宁波市新天下建设劳务有限公司员工李××安全意识淡薄，进行清理作业时，擅自进入到设有警示标识的非作业危险区域内（四周设有防护围栏），被高处坠落的压型板砸到腰部，导致事故的发生。

（2）宁波市新天下建设劳务有限公司木工组员工江××、朱××在高处作业后，

未采取有效的安全防护措施将剩余的压型板固定，导致压型板被风吹落，发生物体打击事故。

2. 间接原因

（1）宁波市新天下建设劳务有限公司未督促从业人员严格执行本公司的安全生产规章制度和安全操作规程；安全检查和现场防护措施不到位，安全监管不力。

（2）公司董事长王××身为该公司负责人，未经常性督促、检查本单位的安全生产工作，未及时消除生产安全事故隐患，安全主体责任落实不到位，安全监管不力。

（四）防范及整改措施

（1）公司应认真总结吸取事故教训，查找事故原因，举一反三，落实责任，加强管理，严防事故发生。

（2）公司要开展一次全面的安全生产大排查，认真查找事故隐患，并采取有效措施，及时消除隐患。

（3）公司要严格执行《中华人民共和国安全生产法》《浙江省安全生产条例》等相关法律法规的规定，加强本公司安全生产规章制度和安全操作规程的执行力度。要切实加强对作业现场的监管，作业前必须认真全面地检查作业环境和设备的安全性，坚决杜绝违章作业、违章指挥和违反劳动纪律的"三违"现象。

（4）公司要对所有员工开展安全生产知识培训和警示教育，按照行业规范和要求，扎扎实实地把安全生产各项规章制度落到实处，杜绝类似事故的发生。

（5）公司要增强主体责任意识，负责人作为安全生产的第一责任人，必须切实加强内部管理，落实安全生产责任制，严格督促员工执行规章制度及安全操作规程，增强事故防范意识。

（6）各相关部门要明确职责，加强监督管理，按照"管行业必须管安全"的要求，强化安全意识，加大执法力度，形成齐抓共管的合力。

十五、昆明供电局"10·17"人身触电死亡事故

（一）事故简述

2014年10月17日，云南电网有限责任公司昆明供电局在进行35kV海舍I回和1号主变停电检修工作时，发生一起触电事故，造成1人死亡，直接经济损失126万元。

（二）事故经过

10月15日，试验一所人员到达35kV舍块变电站，放置试验设备和工器具，填写了16日作业所需的工作票。10月16日试验一所按计划完成了4项工作。10月17日试验一所在该站共计有6项工作任务，其中包括：10kV I段母线电压互感器、避雷器试验。

10 月 17 日 08：50 左右，张×毅等 7 人（现场管理专责 1 人、试验班 4 人、检修班 2 人）到达舍块变电站。张×毅口头对当天工作任务及工作负责人进行了明确，安排先开展 35kV 设备作业，再开展 10kV 设备作业；其中，张×锋担任 10kV Ⅰ 段母线电压互感器、避雷器试验的工作负责人。张×毅未对危险点和安全注意事项进行交代。

17 日 07：57 起，运行值班人员王×、杨×按照当天的停电检修申请进行了倒闸操作。08：03 左右，将 35kV 舍块变 10kV Ⅰ 段母线电压互感器由运行转冷备用。08：55 左右，试验一所人员到站后，王×口头告知张×毅 35kV Ⅰ、Ⅱ 段母线带电，请他去看看是否满足今天工作要求。随后，运行人员杨×和试验一所其他人也一起随王×、张×毅到 35kV 开关场查看现场。张×毅提出，35kV Ⅰ 段母线带电，与当天需试验的 35kV Ⅰ 段母线电压互感器、避雷器距离较近，不便开展工作。张×毅与王×商量后共同决定，向调度申请将 35kV Ⅰ 段母线停电。08：58 左右，王×向当值调控员申请将 35kV Ⅰ 段母线停电。当值调控员答复需请示上级后再通知。在主控室等待调度答复期间，因 35kV 设备暂不具备作业条件，张×锋便安排白×军填写 10kV Ⅰ 段母线电压互感器、避雷器试验的工作票。王×及张×毅在主控室内等待。09：34 左右，王×、杨×按调度指令完成了 35kV Ⅰ 段母线由运行转冷备用的操作。随后王×回到主控室，杨某留在 35kV 开关场进行装设围栏的准备工作。09：51 左右，赵×森进入主控室，看到白×军在填写 10kV Ⅰ 段母线电压互感器、避雷器试验的工作票，在与白×军交谈过程中，得知 35kV 设备暂不具备作业条件，要先进行 10kV Ⅰ 段母线电压互感器、避雷器试验工作的情况。随后，赵×森离开主控室，在主控室门口遇见叶×义后，两人相约进入 10kV 高压室准备试验设备和工器具。09：55 左右，杨×考虑到当天 10kV Ⅰ 段母线避雷器试验可能存在与 35kV 同样的问题，便从 35kV 开关场走到 10kV 高压室，想看看 10kV Ⅰ 段母线避雷器是否满足试验条件。杨×进到 10kV 高压室时，赵×森、叶×义 2 人站在已退出柜外的 10kV Ⅰ 段母线电压互感器手车旁。杨×对赵×森说："小伙，一起去看看 10kV Ⅰ 段母线避雷器是否具备试验条件。"在查看 10kV Ⅰ 段母线避雷器过程中，由于通过开关柜柜门上的红外测温孔看不清柜内情况，两人共同决定打开柜门查看。赵×森便蹲着用扳手拆卸背板螺栓，杨×在其背后站着看。背板 2 颗螺栓拆卸完后，杨×将电磁锁钥匙交给赵×森，赵×森打开了柜门上的电磁锁，并打开了后柜门。杨×转身取绝缘手套及验电器（绝缘手套及验电器放置在距 10kV Ⅰ 段母线电压互感器及避雷器"柜后柜门 2m 处），准备对设备验电。与此同时，赵×森探头进入开关柜内查看。10：01：05，监控系统告警："海子头变 10kV Ⅰ 段母线接地告警动作。"推断触电时间为 10：01。现场情况为：赵×森头部卡在 A 相避雷器引流铜排与柜体右侧隔板之间，检查发现 10kV Ⅰ 段母线至 A 相避雷器手车静触头连接螺栓、柜体右侧隔板均有明显放电痕迹。

（三）事故原因

1. 直接原因

（1）10kV Ⅰ段母线运行、10kV Ⅰ段母线电压互感器及避雷器引流铜排带电的情况下，违规解锁打开避雷器背面柜门，致使引流铜排与 A 相避雷器手车静触头的连接螺栓处于裸露状态。

（2）在 10kV Ⅰ段母线避雷器引流铜排带电、未验电的情况下，赵×森将头探入打开的避雷器柜内查看，因头部与带电的避雷器引流铜排安全距离不足（小于0.35m），发生触电。

2. 间接原因

（1）现场人员不熟悉设备结构。杨×、赵×森对 10kV 母线电压互感器及避雷器柜结构不熟悉。

（2）人员履职错误。杨×在不清楚设备是否带电的情况下，超越职责权限让赵×森查看设备。

（3）违规解锁。杨×未履行解锁操作手续。违反《昆明供电局隔离闭锁系统管理实施细则（2013 年版）》第 5.2.9.3 条：履行解锁操作的汇报、请示及批准手续之规定。

（4）图实不符。由于设计、施工、监理、调度预编号核对、竣工验收和日常巡视等环节的管理缺失，导致 10kV Ⅰ段母线电压互感器、避雷器实际接线与竣工图、监控后台、五防机、调度 SCADA 系统主接线图不符。导致调度下令后，10kV Ⅰ段母线避雷器未被拉开。

（四）防范及整改措施

（1）昆明供电局整改措施，见表 1-2。

表 1-2   昆明供电局整改措施

序号	整改措施	具体措施	责任单位	完成时间	完成情况
1	深刻汲取事故教训，举一反三，全面查找安全生产管理存在问题	全局停工三天（试验一所、东川分局停工七天），全员学习"10·17"和近年南网内人身死亡事故，深入剖析事故原因和查找自身存在问题。	各部门、各单位	2014 年 10月 24 日	已完成
		组织开展以"关爱生命，拒绝违章"为主题的全员安全大反思、大讨论活动；结合秋冬季安全大检查，组织开展专项安全检查和隐患排查治理。	各部门、各单位	2014 年 11月 30 日	
2	开展《电力安全工作规程》全员培训考试	收集网公司系统内近年人身、恶性误操作事故案例，编制安规培训课件，分层分级开展专项安规大培训。组织全员安规考试。	安全监管部	2014 年 12月 31 日	
3	制定"以手触试"实施方案	编制"以手触试"实施方案，经上级审核、批准后实施。明确开展"以手触试"的设备类型及电压等级、参与"以手触试"的人员范围、执行"以手触试"的确认手续和流程，明确"以手触试"结果的记录方式。	安全监管部	2015 年 4月 30 日	

续表

序号	整改措施	具体措施	责任单位	完成时间	完成情况
4	进一步强化基建管理	严格落实南网基建一体化管理制度，重点做好对设计变更的管理，督促业主项目部在施工、调试、调度预编号核对等环节履行监督管理责任。	基建部	2014 年 12 月 31 日	
5	加强设备运行管理	明确各类防误闭锁装置的配置标准、管理要求。对各变电站、配电站防误闭锁装置、各类钥匙的配置、管理情况进行排查，规范各类闭锁装置、钥匙的管理。	生产设备管理部、各单位	2014 年 12 月 31 日	
		梳理变电站基础图纸资料，根据设备重要风险及关键信息完善变电运行规程，提升现场运行规程适用性和操作性，提高巡视质量。	生产设备管理部、各变电运行管理单位、县公司	2015 年 4 月 30 日	
		开展图实相符清查工作，对在建工程、现有变电站开展图实相符专项检查及整改工作，重点核对各变电站的竣工图纸、后台监控主接线、五防系统主接线、集控中心主接线与现场设备标识的名称、编号、接线方式是否一致，对发现的问题及时整改。	生产设备管理部、基建部、系统运行部、各变电运行管理单位、县公司	2014 年 12 月 31 日	
6	加强作业过程管控	对 2014 年未完成的各项作业任务进行系统梳理，核实作业任务完成所需的人力、物力资源，全面评估风险，在确保安全的前提下合理排定作业计划。	生产设备管理部、基建部、市场营销部、各单位	2014 年 12 月 31 日	
		完善现场勘查机制，进一步明确管理要求和工作界面，强化勘查任务的计划管理，未经勘查不得纳入月度生产计划；通过现场勘查确保作业任务清楚、危险点清楚、程序清楚、安全措施清楚。	生产设备管理部、各单位	2014 年 12 月 31 日	
		（1）强化作业准备环节管理，落实《云南电网公司生产作业管理业务指导书》要求，重点做好作业计划、作业文件、作业风险评估及控制管理，强化现场人员行为管理。	生产设备管理部、基建部、市场营销部、各单位	2014 年 11 月起长期执行	
		（2）严格执行班前会、班后会管理要求，进一步明确会议重点和记录方式，并对现场执行情况进行重点检查。 （3）严格执行《云南电网公司工作票管理实施细则》，对未按时送达的工作票不予接收，办理工作票手续必须现场核实设备，按月对工作票执行过程严格监督、考核。 （4）严格执行《昆明供电局生产作业管理实施细则》，发生变化时，相应的班组、基层及局层面按照管控层级启动作业变化管理流程，根据变化具体情况制定控制措施，明确责任人。	生产设备管理部、基建部、市场营销部、各单位	2014 年 11 月起长期执行	
		结合工作实际，重点是明确界定运行人员和检修人员在作业现场的岗位履职界面，确立运行人员应为检修人员创造安全作业环境、条件的责任；明确检修人员在现场作业时必须服从运行人员的安全指引，遵章守纪。	生产设备管理部、各单位	2015 年 2 月 28 日	
7	强化现场安全监督，严厉惩处习惯性违章行为	建立安全违章举报机制，把违章行为作为员工岗位绩效考核的主要内容之一，一旦举报查实，严格按照员工奖惩规定给予处罚。	安全监管部、人力资源部、各单位	2014 年 12 月 31 日	

续表

序号	整改措施	具体措施	责任单位	完成时间	完成情况
7	强化现场安全监督，严厉惩处习惯性违章行为	系统分析安全监督工作中存在的死角和漏洞，把长期未开展安全监督的作业项目、作业点纳入重点安全监督计划。	安全监管部、各单位	2014 年 11 月 30 日	
8	提升安全教育培训的针对性和有效性	加强对新员工的培训管理。进一步完善新员工专项培训计划和转正考核标准，既重视技术培训更重视遵章守纪安全意识的养成，将新员工培养成懂规矩、遵安规、会技术的合格员工。	人力资源部、安全监管部、生产设备管理部、各单位	2015 年 7 月 31 日	
		针对性地开展安全教育和考核。每年对"三种人"、领导人员、管理人员、作业人员有差异地开展安全培训，满足不同岗位履行安全责任的需求，通过考试考核确认上岗条件、检验培训质量。	人力资源部、安全监管部、各单位	2015 年 12 月 30 日	
9	抓实安全生产风险管理体系建设，消除形式主义	以此次事故暴露问题为切入点，开展 2014 年体系审核，深入查找体系建设中存在的问题，明确措施、落实责任，扎实开展整改工作。	安全监管部、各体系要素归口部门、各单位	2014 年 12 月 31 日	
		加强对"短板"单位体系建设的督导。成立体系督导工作组，认真查找短板单位体系建设中存在的问题，制定整改工作计划，落实责任人，提升短板单位的体系建设与运用水平。	安全监管部、东川分局、试验一所及 2013 年未参加外审的单位	2015 年 12 月 31 日	
		推进"安全文化心工场"建设，收集和整理"充分暴露、持续改进"的先进事迹和案例，在全局范围内进行宣传，努力营造"暴露、分享、关爱、感谢"的氛围。	政治工作部、安全监管部、各单位	2015 年 12 月 31 日	
10	优化预试策略，提高人力资源效率	大力推广运用在线监测等新技术手段，提高设备状态掌控能力。优化预试检修策略，大幅压缩无效作业，指导编制昆明供电局更加科学合理的预试定检工作计划，提高预试定检的针对性。	生产设备管理部	2015 年 1 月 31 日	

（2）云南电网公司整改措施，见表 1-3。

表 1-3　　　　　　　　云南电网公司整改措施

序号	整改措施	具体措施	责任单位	完成时间	完成情况
1	组织开展图实相符检查及整改工作	组织参建单位对近期在建和新建成（在质保期内）的项目开展清查工作，重点核对竣工图纸与现场设备实际是否一致，严格执行《关于强化工程档案资料管理的通知》要求。	公司基建部	2014 年 12 月 31 日	
		组织各生产单位开展变电站图实相符检查工作，核对各变电站竣工图、后台主接线图、五防主接线图、监控中心主接线图与现场实际是否相符。	公司设备部	2014 年 12 月 31 日	
2	进一步细化、完善变电站钥匙管理规范	在公司现有变电站钥匙管理制度的基础上，一是对变电站现有钥匙的配置及管理情况进行摸底，掌握变电站现有钥匙的配置情况。二是在调查的基础上，进一步细化、完善变电站钥匙的管理规范，有效加强变电站钥匙的规范化管理。	公司设备部	2015 年 3 月 31 日	

序号	整改措施	具体措施	责任单位	完成时间	完成情况
3	组织开展可视化变电运行规程的研究	一是组织相关供电局开展变电运行规程的可视化研究，利用图表、照片等方式使现场运行规程更结合现场实际，更有利于现场运行人员的学习和掌握。二是在可视化运行规程研究成果的基础上，在 2015 年组织编制可视化变电运行规程模版，组织各供电局按模版编制各变电站的可视化变电运行现场规程。三是对现有的运行规程开展复核，与变电站实际情况一致。	公司设备部	2015 年 12 月 31 日	
4	提升体系建设水平和作业管控能力	针对此次事故暴露的问题，回顾体系建设工作，分析存在问题，运用好安风体系这一强化安全生产工作的有效工具，抓实风险防控，扎实推进安全生产各项工作。	公司安监部、各基层单位	2014 年 12 月 31 日	
		组织梳理公司有关作业管理制度和标准，重新下发学习，督促各单位执行到位。	公司设备部、各基层单位	2014 年 12 月 31 日	
5	组织全公司系统开展安全生产大讨论活动	在云南电网公司范围内，开展安全生产大讨论活动，以"关爱生命，拒绝违章"为主题，通过学习典型事故案例、分析查找"三违"行为等方式，切实杜绝"三违"行为，坚决与安全生产"三大敌人"作斗争，做到"三不伤害"。	公司安监部	2014 年 11 月 30 日	
6	组织全公司系统开展安全生产大检查	在全公司范围内立即组织开展一次秋冬季安全生产大检查。突出检查的针对性，重点聚焦作业管控、危害辨识与风险闭环管控、工作作风三个方面的突出问题。对班组工作现场的检查按照"四不两直"的方式开展，对基层单位自查自纠发现问题不进行批评和通报。	公司安监部、市场部、设备部、基建部、农电部、系统运行部	2014 年 11 月 30 日	
7	提高新员工培训的针对性和有效性	针对新员工培训，南方电网公司印发了《关于规范公司新员工培训的指导意见》，指导意见规定了新员工培训的方式、内容、学时，公司将继续严格按照指导意见的要求，组织开展新入企员工脱产集中培训。各单位人资部牵头，安监部、设备部等部门配合，组织基层对所开展所辖区域设备认知、操作等方面的现场安全培训和操作技能培训，通过测评、任务观察等方式评估培训效果。	人资部、培评中心、市场部、设备部、基建部、安监部	2014 年 12 月 30 日	
8	以典型案例为切入点，摸清三级现场安全教育培训管理现状，制定现场安全教育培训指导意见	公司人资部牵头，安监部、设备部，培训与评价中心、电力教育中心配合，组成工作小组，针对昆明供电局员工现场安全教育培训落实不到位的问题，通过资料查阅、座谈、访谈、行为观察、问卷调查等形式在公司系统内开展专项调研工作，全面查找公司系统内员工在安全教育、技术技能培训中存在的问题，从培训的组织、执行、评价及结果运用方面深入剖析，摸清现场安全教育培训现状。	人资部、安监部、设备部、培评中心	2014 年 11 月 5 日	
		汇总分析现场安全教育培训专项调研工作调研内容，全面梳理各级培训人员的职责，制定系统性、针对性、实用性强的现场安全培训指导意见，明确各职能部门、队所、班组的培训责任主体，明确各类人员在规章制度、岗位业务技能等方面的培训要求，明确现场设备和岗位胜任力培训内容。各单位根据公司现场安全培训指导意见，开展有针对性的培训，通过评价考核，切实提高员工的思想素质和业务技能。	人资部、培评中心、市场部、设备部、基建部、安监部	2014 年 12 月 31 日	

序号	整改措施	具体措施	责任单位	完成时间	完成情况
9	加强思想作风建设，进一步巩固党的教育路线实践活动成果	组织各单位党组织通过事故反思作风建设问题，在安全生产管理领域把集中反"四风"、改作风向经常性的作风建设推进，重点强化党员责任，使党员成为遵章守纪的模范。	政工部、公司工会、各单位	2014 年 12 月 31 日	

十六、淮南平圩第三发电有限公司 2×1000MW 燃煤机组工程铁路厂前站及卸煤项目"11·7"较大施工坍塌事故

（一）事故简述

2014 年 11 月 7 日 11：00 左右，淮南平圩第三发电有限公司 2×1000MW 燃煤机组工程铁路厂前站及卸煤线项目施工工地现场发生坍塌，造成 7 人死亡、7 人受伤。

（二）防范及整改措施

（1）认真贯彻执行新《安全生产法》，坚守生命安全红线。

中央在皖、省属有关企业要带头贯彻党中央、国务院关于坚持科学发展、安全发展的战略决策，落实习近平总书记关于安全生产的重要讲话和党的十八届四中全会精神，把法治理念贯穿企业安全生产全过程，严格依法依规生产经营。要在企业内部深入开展宣传贯彻新《安全生产法》活动，将安全法律意识融入基层干部职工心中，始终坚守发展不以牺牲人的生命为代价这条红线，全面提高安全生产法治化水平。要针对分包单位劳务队伍事故多发的现象，深入研究外包、分包工程安全管理对策措施，将依法治理落实到外包、分包工程和劳务队伍中。

（2）全面落实主体责任，严格基层安全管理。

中央在皖、省属有关企业要建立以主要负责人为核心的安全生产责任体系，做到党政同责、一岗双责、齐抓共管，层层落实安全生产责任，切实把安全责任逐级传递到三级公司、项目部直至班组、岗位和人员；要严格执行国家有关法律法规和建筑行业主管部门规章、规范性文件，提高生产、技术、设备、劳动等专业水平，强化施工现场管理和施工工序掌控，切实做到安全投入到位、安全培训到位、基础管理到位、应急救援到位。

（3）深化"六打六治"专项行动，开展预防建筑施工坍塌事故整治。

中央在皖、省属有关企业要认真开展以"六打六治"为重点的打非治违专项行动和预防坍塌专项整治"回头看"工作，坚决打击施工中将工程发包给不具备相应资质的单位；施工单位无相关资质或借用资质、超越资质范围承揽工程；转包和违法分包；施工企业主要负责人、项目负责人、专职安全管理人员无安全考核合格证书以及特种作业人员无操作证书从事特种作业的等各种非法违法行为；以及工程项目手续不齐，以包代管、层层转包；违反施工建设程序、盲目赶工期、抢进度等屡禁不止的问题，不留死角盲区。

（4）强化对施工项目关键岗位人员安全行为管控。

中央在皖、省属有关企业要认真贯彻落实《建筑施工项目经理质量安全责任十项规定（试行）》，针对施工项目经理这一建设工程安全关键岗位，有效利用互联网和多媒体技术，对施工项目关键岗位实施严格考勤，从任职资格、危险源控制、隐患排查等10个方面全面落实项目经理的安全责任，并将考勤考核结果与企业资质、安全生产许可证、个人从业资格管理和诚信体系建设有机结合起来，实现对建筑质量安全生产的动态监管，有效提升项目施工安全水平。

（5）依法治安，加强对工业建设项目的安全监督管理。

建设工程施工安全监管按建筑属性划分为房屋建筑、市政、铁路、工业、电力等类别，目前大多数由各行业主管部门按其职责范围对所属专业工程建设过程中的施工安全实施行业管理。但是，尚有一些职责不明确的专业和领域如各类工业建设，出现安全监管缺位和盲区，建设项目在项目立项后及竣工前的施工阶段，没有相应的行业主管部门承担安全监管主体责任。淮南市人民政府要健全"党政同责、一岗双责、齐抓共管"的安全工作体制，制定出台本辖区工业建设项目安全监督管理制度和规范，有效监督辖区内工程建设、施工和监理单位严格依法履行安全职责，落实工程建设各方安全主体责任。

十七、滨海港经济区"12·7"起重伤害亡人一般事故

（一）事故简述

2014年12月7日，广东鸿安送变电工程有限公司江苏分公司，在中电投盐城滨海头罾风电场二期项目35kV集电架空线路工程新建75基铁塔，施工时使用塔吊吊装第二节铁塔，吊装过程中，吊车大臂第三节钢丝绳断裂，导致第二节铁塔坠落，砸中一名施工人员，造成1人死亡。

（二）事故经过

2014年12月7日09：40左右，广东鸿安送变电工程有限公司江苏分公司，在中电投盐城滨海头罾风电场二期项目35kV集电架空线路工程新建75基铁塔，第一节铁塔安装完毕后，四名工人爬至第一节铁塔塔顶，在铁塔的四个角等候安装第二节铁塔，吊车吊装第二节重约900kg、高12.5m铁塔时，大臂第三节钢丝绳断裂，导致第二节铁塔坠落，砸中在第一节塔顶位于东南角的施工人员则××。

事故发生后，广东鸿安送变电工程有限公司江苏分公司和中国电建集团华东勘测设计研究院有限公司人员立即打120求救和110报警，医护人员到现场立即对受伤人员则××进行施救，经抢救无效死亡。

（三）事故原因

1．直接原因

经现场勘查和调查有关当事人，滨海港经济区"12·7"起重伤害亡人事故发生的直接原因是使用吊车吊装第二节铁塔作业过程中，吊车大臂第三节钢丝绳断裂，导致铁塔坠落，压中施工人员则××。

2．间接原因

（1）广东鸿安送变电工程有限公司江苏分公司安全管理不力，安全生产管理工作不到位，未对所有进场作业人员进行安全教育培训，从业人员安全意识不强，执行管理制度不力，未严格执行安全生产操作规程。

（2）事故现场，安全措施不到位，现场作业缺乏有效指挥，现场作业人员职责分工未明确到位。

（3）特种设备和特种作业人员未取得相应的资质证书上岗。

（四）防范及整改措施

（1）广东鸿安送变电工程有限公司江苏分公司应严格执行《安全生产法》等法律法规，把安全生产责任制落实到位，加强对员工安全教育培训，不得流于形式；严格执行安全生产规章制度；切实开展安全生产检查工作，认真履行安全生产管理职责，对吊车等特种设备相关资质和证书进行严格检查。保证设备的有效使用。特种作业人员需持证上岗，定期进行培训教育。同时加强员工的安全教育培训力度，从国家的安全生产法律法规，公司的各项安全管理制度、安全操作规程、设备的维护与保养等方面进行全方位、全过程、全覆盖培训。

（2）对作业人员和设备相关资质进行检查和督查，切实做好安全生产隐患排查与整改工作，确保将事故隐患消除在萌芽状态。

（3）滨海县供电公司及相关单位也要切实履行安全监管职责，认真做好辖区内的安全监管工作，加大安全生产检查力度与深度，规范辖区内施工现场作业人员安全生产行为，加强对吊车等特种设备的安全检查和特种作业人员的资质认定和培训教育工作，有效避免类似事故的发生。

十八、南方电网有限责任公司超高压输电公司贵阳局"12·12"触电事故

（一）事故简述

2014年12月12日，中国南方电网有限责任公司超高压输电公司贵阳局在惠水县大坝境内开展500kV青山乙线地线融冰试验过程中发生触电事故，造成1名员工死亡。

（二）事故经过

12月12日06：22，南方电网总调许可试验申请。08：00，独山变电站通知杜××可以开始工作。08：36，杜××通知张×当前500kV青山乙线已转接地状态，

可以开始工作。张×、邹×、杨××及驾驶员李×四人于 11：50 到达 500kV 青山乙线 21 号塔（位于惠水县漾江街道光明村），张×打电话给杜××报告第一小组已到达作业地点，然后返回到大坝社区街上吃饭。

13：21，陈×电话通知张×可以登塔工作。13：50，张×、杨××和邹×到达 500kV 青山乙线 21 号塔下（但张×现场未组织召开班前会，现场未开展工作、安全和技术措施交底，未明确人员职责和分工）。14：05，张×穿好安全带、带上工器具（未装设接地保护线及个人保安线）上塔装设引流线至 A 相导线，拉开 21 号塔地线刀闸，为 21 号塔至 114 号塔地线融冰试验做准备。14：30，张×完成融冰引流线接线工作返回地面，小组人员随后向陈×汇报接线完毕。14：38，陈×与独山站罗×通过调度录音电话联系，告知青山乙线 21～114 号塔接线已接好，人员已撤离，具备地线融冰试验条件。随后，变电站侧操作融冰装置对线路加压加流进行融冰。在 21～114 号地线融冰试验过程中，地面观测人员（位于 114 号塔）发现两侧地线温升不明显（加至 300A 后才有 4℃温升），且两侧地线有 1℃左右偏差。为防止地线开路导致地线损伤，14：56 停止了该段试验，随后将青山乙线转为检修状态。

16：16，罗×通过调度录音电话通知陈×，人员可以登塔更改接线。陈×组织 114 号塔人员上塔工作，为 114～226 号塔地线融冰试验工作更改接线。同时为验证 21～114 号塔地线绝缘是否良好，保持了 21 号塔地线大号侧与导线 A 连接线，但陈×未向第一、三小组线路作业人员通报此变更情况。16：24，张×私自电话联系独山变电站副值班员余×询问青山乙线状态，余×答复为检修状态。得到此答复后，张×随即第二次登塔，准备合上地接刀闸、拆除 A 相导线连接线，尽快完成本小组工作。16：25，陈×电话联系杜××，确认 226 号塔上人员已经撤离；但未与张×确认 21 号塔上是否有人并撤离。16：27，陈×与罗×通过调度录音电话联系，告知青山乙线小号侧地线已解开，大号侧已接线完毕，人员已撤离，具备试验条件。

16：30，杨××电话联系陈×，询问是否可以上塔工作，陈×强调不要上塔。于是杨××和邹×便在塔下喊张×下塔，并强调陈×说现在不能上塔工作，但张×未听从劝阻下塔。

16：39，独山站地线融冰装置 100A 解锁。在 21 号塔下的杨××、邹×随即发现塔上的张×触电，并倒在导线横担上，身上的衣服因触电燃烧。杨××立即电话告知罗×并要求断电，然后向陈×报告。16：40，罗×下令融冰装置闭锁，整个送停电过程大约持续 50s。当时距 21 号塔大约 50m 远处，当地一位村民许××正在附近农田里干活，他看到出事后就马上跑到 21 号塔下，经询问塔上已断电后便只身上塔救人。到达触电点时发现张×还有呼吸，许××立刻脱下身上的衣服扑灭张×身上的火。之后许××见邹×上来了，就让他照顾张×，自己跑回家去拿绳子，准备把张×从塔上救下来。17：25，同组工作人员使用吊绳将张×从铁塔横担高处转移至地面，医护人员随即对其采取人工心肺复苏等医救措施。18：40，惠水县人民医院医生到达事故现场，检查后确认张×经抢救无效死亡。

（三）事故原因

1. 直接原因

（1）张×安全意识淡薄，违规、违章冒险作业。张×私自通过电话联系独山变电站值班人员询问青山乙线工作状态，在未知晓线路下一步试验进展、未得到线路融冰操作负责人陈×许可的情况下，擅自登塔作业；未按规定采取安全防护措施，未装设接地保护线及个人保安线，导致自己在第二阶段线路融冰试验时触电。

（2）陈×未严格执行安全措施，现场指挥存在疏漏。陈×作为融冰试验线路操作负责人，在开展第二阶段融冰试验前，仅电话与杜××联系确认 226 号塔上人员已经撤离、而未与张×联系确认 21 号塔上是否有人并撤离的情况下，就电话告知罗×人员已撤离并具备试验条件。独山变电站地线融冰装置解锁时青山乙线 A 相导线带电，导致事故发生。

（3）现场工作监护不力。杨××、邹×两人在发现张×擅自登塔、违章作业后，未认真履行工作监护职责，未及时采取有效措施制止张×违章作业、消除安全隐患；未及时将张×违章作业情况向陈×、罗×或局领导报告。

2. 间接原因

（1）现场作业管理混乱。在开展融冰试验作业前，作为小组负责人的张×未认真履行职责，未组织开展现场班前会、进行安全和技术措施交底、明确人员职责和分工，导致现场人员职责不清、分工不明确、工作监护不到位。

（2）员工安全教育培训、方案学习不到位。陈×、杜××未组织所有参加地线融冰试验的线路作业人员，对地线融冰试验工作方案、操作规程和相关管理制度进行集中学习、培训；第一小组杨××、邹×二人未看到融冰作业工作方案、工作票、派工单，不熟悉、不掌握此次地线融冰试验相关程序、步骤及安全措施等。

（3）企业相关负责人和安全管理人员未认真履职，对企业安全生产工作督促检查、隐患排查、安全教育培训、现场作业安全管理不到位，导致部分员工安全意识淡薄，存在违规作业行为，现场安全管理较为混乱。

（4）作业现场通信管理不到位。张×未通过正规渠道获取线路工作信息，而是私自与同学余×（独山变电站值班人员）通过私人电话联系询问线路工作状态，在不清楚下一步试验进展的情况下擅自登塔作业；余×在不了解线路作业现场状况的情况下，私自透露线路工作状态信息。

（四）防范及整改措施

（1）贵阳局要认真汲取事故教训，举一反三，立即在企业范围内开展安全生产大检查，全面排查和及时消除各类事故隐患，加强现场安全管理，坚决杜绝各类事故的发生。

（2）贵阳局要切实加强对从业人员的安全教育和培训，特别是加强对重点岗位和特种作业人员的教育培训，教育从业人员自觉严格遵守各项安全操作规程，从本质上提升从业人员的安全意识，杜绝"三违"现象发生。

（3）贵阳局要结合本次事故，进一步完善、细化相关安全生产管理制度及操作规程，建立和完善通信、现场通话录音管理制度，并严格执行。

（4）加强班组建设，做好员工的思想工作，提高班组负责人的安全管理水平，熟悉掌控员工作业情况。

第二章 电力设备事故

一、华电辽宁后秋风电厂"3·22"风机机舱火灾事故

（一）事故简述

2014年3月22日，华锐集团有限公司在华电辽宁后秋风电厂进行风机调试时，风机机舱发生火灾，直接经济损失约800万元。

（二）事故经过

2014年3月22日18：41，彰武风场运行人员李×鹏发现41号风机通讯中断，立即开始查找原因。18：45，风场场长陆×发现有华锐风机冒烟起火，令值班人员立即切断2号主变低压侧9932开关，并赶往起火现场。18：45，陆×与公司刘×总经理联系，刘×总经理下令立即启动火灾事件应急预案。陆×到达起火现场后，确认失火风机为41号风机。由于风机机舱起火的位置很高（距离地面70m）不能近距离扑救，风机下方是松树林地，一旦风机落火可能引起山火。陆×立刻拨打119报火警，然后与林地的产权方矿务局林场联系，并及时向当地政府进行了汇报，并说明了事态的严重性，请求当地政府给予支持。19：00左右，火灾应急小组成员侯××、李×、崔××、李×哲、李×鹏、孙××、李×华、陆×、张××、邵××等人员陆续到达现场，负责维持火险现场的安全。设置了安全警戒线，与起火风机保持足够的安全距离，防止风机的坠落物伤人。随后矿物局林场灭火队、林业站灭火队、新生村灭火队以及镇里领导等到达现场，一同维持现场安全和秩序。20：00左右县消防大队的消防车赶到现场，防范山林火灾。21：00左右风机的火势已明显变小，零星的山火也被扑灭。21：30，风机已看不到明火，各灭火队及其他人员陆续撤离现场。陆×带领风场人员负责继续监视及维持现场的安全。23：10，风机的暗火也已基本消失，但风场仍分四班进行火险监查，确保不发生二次灾害。23：10，火势消除，陆×联系应急指挥部，进行了汇报，应急指挥部决定并发布应急状态终止命令，宣布应急状态终止。通过观察初步判定机舱烧毁、三只叶片根部烧损、轮毂外壳烧毁。

（三）事故原因

塔筒底部TBC100控制柜、TFS000电气柜电器件正常，控制线路、负荷线路均

正常。因此排除塔筒底部 TBC110、TFS000 电气柜引起事件的可能性。通过比对事件前风机数据，发现事发前机舱温度正常，NC320 变频柜温度急速上升，而变频器温度未升高，因此判定当时变频器已故障，无法采集数据。

综上所述，排除塔筒底部控制柜及箱变引起事件的可能性，初步判定为变频器故障引起起火。

NC320 变频柜内有网侧变频器一个，机侧变频器两个，共三个变频器。变频柜上部机侧变频器已全部炸碎，上部柜门有明显撞击变形，柜顶铁板由于过火时间过长导致颜色变白，柜内电器器件已全部烧毁。与变频柜相邻的 NCC310、NCC300 柜顶部铁板为黑色，柜内电器器件全部烧毁。

综合以上分析，联合调查组判定事故原因为 NC3201 国通 2 型机侧变频器突然爆炸引起周边电气控制线起火，进而烧及 NCC310、NCC300 柜，导致柜内电器控制线相继起火。随着火势蔓延，机舱、叶片中环氧树脂，玻璃纤维等易燃材料被相继点燃，从而导致机舱、叶片烧毁。

依据联合调查组勘察结果及分析，事件结论如下：

"彰武华电后新秋风电场 41 号风机火灾事件"属设备质量事件，事件责任方为华锐风电科技（集团）股份有限公司（以下简称华锐公司）。本次事件造成机舱、叶片烧毁，直接经济损失达 500 余万元，上端塔筒经过质量检验人员鉴定，可以继续使用。本次事件造成的全部损失均由华锐公司负责承担，由于电量损失造成的经济损失正在与华锐公司协商中。华锐公司负责事件风机的拆除和恢复工作；进行进一步的检测分析，最终提交事件分析报告。

二、浙江浙能嘉华发电有限公司"3·24"火灾事故

（一）事故简述

2014 年 3 月 24 日,浙江浙能嘉华发电有限公司在 8 号机组脱硫塔改造过程中，进行管式除雾安装作业时发生火灾，造成吸收塔内衬部分烧损，初步估计经济损失超过 100 万。

（二）事故经过

3 月 24 日 08：27，嘉兴市公安局消防支队港区大队人接到报警，位于平湖市左浦镇长安桥村的浙江浙能嘉华发电有限公司发生火灾，火灾烧损 8 号炉脱硫吸收塔，占地约 300m²，烧毁除雾器、喷淋母管及喷嘴和吸收塔托盘合全体等，无人员伤亡。

（三）事故原因

起火点，8 号炉脱硫吸收塔内距离基础顶面 14m 高度处，且距离人孔门水平距离约 6.5m，距 8 号炉脱硫吸收塔圆心水平距离约 2.75m 处，在打磨施工作业过程中中产生火花掉落下方引燃周围可燃物起火。

三、中闽（福清）风电有限公司福清嘉儒风电场"5·14"风机损坏事故

（一）事故简述

2014 年 5 月 14 日，福建中闽（福清）风电有限公司所属嘉儒风电场 30 号风机塔筒在第一、二节之间法兰面折断，第二节塔筒以上设备倒塌在附近空地上，造成塔筒变形、叶片损伤，无人身伤亡和第三方损失。事故前送出线路 C 相断线，线路跳闸导致全场失电，失电至事故期间风速约 17m/s，直接经济损失约 300 万元。

（二）事故经过

事故前风电场运行工况如下：110kV 送出线路华嘉线 121 线路运行、110kV 母线运行；1 号、2 号主变运行，1 号主变中性点接地刀闸 12A8 分闸，2 号主变中性点接地刀闸 1288 合闸；35kV Ⅰ、Ⅱ段母线运行，35kV 母分 32M1 隔离刀闸及 32M 开关冷备用；A、B、C、D、E、F 六组集电线路均运行；1 号、2 号接地变运行，1 号场用变运行，1 号、3 号电容器组热备用，2 号电容器组运行，SVG 运行；1—48 号风机升压变运行；1—47 号风机运行，48 号风机维护。事故前风速约 9—12m/s，全场出力约 80MW，30 号风机出力 1498kW。

5 月 14 日 15：11：09，嘉儒风电场 110kV 送出线路华嘉线 121 线路保护动作，华嘉线 121 开关跳闸，全场失电、运行中的风机脱网。15：11：16，线路重合闸成功。15：26，运行人员检查发现华嘉线靠风电场侧第二座铁塔 C 相跳线因连接金具断裂导致脱落、悬空，即向调度部门申请线路转检修，并告知电网公司组织抢修（送出线路产权属电网公司，由其负责运营、维护）。17：27，福清公司接到镇政府电话通知称嘉儒风电场二期有一台风机倒塌。接到通知后，福清公司立即安排巡查。18：12，检查发现 30 号风机在第一节与第二节塔筒之间折断，第二节塔筒及以上设备倒塌在附近的空地上，未造成人身伤亡和第三方损失。19：20，拆除 30 号风机升压变高压侧电缆接头，将 30 号风机与系统隔离。

事故造成嘉儒风电场 30 号风机在第一节与第二节塔筒的连接法兰面折断，第二节塔筒及以上设备倒塌，具体损失如下：第一节与第二节塔筒连接螺栓全部断裂、脱离；第二节与第三节塔筒法兰连接面部分开裂；第三节塔筒变形严重；机舱全部、叶轮及发电机约 2/3 淹没在低洼沼泽地中；三个叶片开裂、折断（未脱落）；主动力电缆、机舱辅助电源电缆、塔基与机舱之间的通信光缆全部拉断；第一节塔筒内部的主控制柜、EPS 电源柜、变频器柜及其水冷柜从表面上看基本没有损坏。

另外，事故造成风电场损失发电量约 700MW·h。

综上，本次事故造成直接经济损失约 300 万元。

（三）事故原因

（1）风机倒塌事故发生时间确定。

调查组查阅事故前后风机 SCADA、30 号风机 PLC、升压站保护装置事件记录和数据，并对三者之间存在的时间偏差进行校正。校正后，确定 30 号风机事故前后

主要事件的顺序如下：

15：10：28，30 号风机最后一个运行数据包显示风机运行正常：风速 9.3m/s、轮毂转速 20.88rpm、有功功率 1498kW；

15：11：09，华嘉线 121 开关故障跳闸；15：11：11，30 号风机变频器跳闸；15：11：24，30 号风机内部通信出现异常。

分析判断风机内部通信出现异常的原因是塔筒倒塌过程通信光纤拉断造成。因此，确定风机倒塌事故发生在风机脱网后 13s 前后。

（2）30 号风机脱网后叶片未能顺桨是导致第一节与第二节塔筒连接面折断、风机倒塌的原因。

1）根据仿真分析，风机脱网且三个叶片均在 0°（工作位置）时，叶轮转速在掉电 13.45s 时将上升到 56.7rpm（额定转速为 22.5rpm），第一节与第二节塔筒连接面的载荷达 36668kN·m，超过其极端载荷设计值 36224kN·m。掉电达 13.9s 时，叶轮转速达 58.5rpm，第一节与第二节塔筒连接面的载荷达到最大值 37412kN·m，远大于极端载荷设计值。在相同工况下，掉电后 13.9s 之内，叶片根部挥舞方向载荷 M_y 最大值为 4209.5kN·m，小于设计值 4227kN·m；叶片根部摆振方向 M_x 最大值为 844.4kN·m，小于设计值 2413.6kN·m。因此，风机叶片正常，第一节与第二节塔筒连接面拉断。

2）调查组检查确认，30 号风机第一节与第二节塔筒连接螺栓副生产厂家是上海申光高强螺栓有限公司，批号为 1201-533（12032），出厂日期为 2012 年 2 月 17 日，螺栓性能等级为 10.9 级、产品规格为 M30×200，螺母性能等级为 10 级、产品规格为 M30×25.6，垫片性能等级为 HRC35-45、产品规格为 $\phi56×\phi31×4$。产品合格证、产品质量保证书、第三方检验报告、安装检验记录完整、合格。事故后，从该风电场同期安装的另外三台风机中抽取 8%的同批次塔筒连接螺栓副共计 30 副，委托具有相应资质的机构进行检验，检验结果合格。该风机投运以来振动加速度正常，事故前最后运行数据显示，X 向、Y 向振动加速度分别为 0.12m/s²、0.05m/s²，远低于保护设定值 1.75m/s²。因此，风机倒塌可排除螺栓质量原因。

3）30 号风机倒塌事故的原因是风机脱网后三个叶片均不能顺桨导致叶轮严重超速，第一节与第二节塔筒连接面载荷超过其极端载荷设计值，导致连接螺栓破坏、风机倒塌。

（3）30 号风机脱网后叶片未能顺桨的原因。

事故后，现场确认 30 号风机三个叶片均处于工作位置 0°附近。为分析风机脱网后三个叶片不能顺桨的原因，调查组查阅了该风机的用户手册、电气原理图、紧急变桨蓄电池充电器说明书以及事故前后的事件记录、高分辨率数据，并对紧急变桨相关的部件进行检查、测试，检查、分析结果如下：

1）1 号叶片紧急变桨控制系统：经对淹没在低洼沼泽地中的机舱中的各部件进

行清洗、烘干后，检查发现 1 号叶片蓄电池组中有一节单体电池鼓包（11 号蓄电池），蓄电池组端电压为 3.97V（额定电压 168V，下同），已无法进行充放电试验。检查蓄电池充电器可正常工作，但充电器报警信号被屏蔽（短接 X12 端子排上 5 号、6 号端子）；检查叶片紧急变桨停止用的 1 号、2 号两个限位开关均正常；检查紧急变桨接触器的线圈和触点动作均正常，紧急变桨控制模块可正常工作。查有关记录发现，5 月 4 日 8：10，该风机自动进行紧急变桨测试时，该叶片出现"紧急变桨速度低"报警，叶片角度由 0°变到 90°经过了 40s，变化速度为 2.25°/s（紧急变桨正常的速度应为 6°/s，下同）。5 月 4 日至事故前，该风机多次紧急变桨时，该叶片均存在变桨速度低或不变的现象。

根据上述检查、分析结果，判断风机脱网后 1 号叶片不能顺桨的原因是该叶片紧急变桨蓄电池组失效。蓄电池组失效原因是充电器检测到鼓包损坏的蓄电池单体电压低后充电器自动停止工作，蓄电池组长时间频繁放电但不能充电，蓄电池组的电量逐渐耗尽。因充电器报警信号被屏蔽，蓄电池组失效无法被及时发现并处理。

2）2 号叶片紧急变桨控制系统：经对淹没在低洼沼泽地中的机舱中的各部件进行清洗、烘干后，检查发现 2 号叶片蓄电池组中 11 号、12 号蓄电池之间的连接柱与蓄电池组外壳之间有一块金属垫圈造成短路痕迹并烧断充电线，蓄电池组端电压为 72.4V，已无法进行充放电试验。检查蓄电池充电器电路板上控制 4 号蓄电池充电的 K5 继电器有短路痕迹，充电器报警信号线未接入 D10 模块 35 号端口。检查叶片紧急变桨停止用的 1 号、2 号两个限位开关均正常，紧急变桨接触器线圈和触点动作均正常，紧急变桨控制模块可正常工作。查有关记录发现：5 月 4 日 8：10，该风机自动进行紧急变桨测试时，该叶片出现"紧急变桨速度低"报警，叶片角度停在 0°不变。5 月 4 日至事故前，该风机多次紧急变桨时，该叶片均存在变桨速度低或不变的现象。

根据上述检查、分析结果，判断风机脱网后 2 号叶片不能顺桨的原因是该叶片紧急变桨蓄电池组失效。蓄电池组失效原因是充电器故障且蓄电池组中 11 号、12 号蓄电池充电线断线，蓄电池长时间频繁放电但不能充电，蓄电池组的电量逐渐耗尽。同样，因充电器报警信号未接入 D10 模块，蓄电池组失效及充电器故障无法被及时发现并处理。

3）3 号叶片紧急变桨控制系统：经对淹没在低洼沼泽地中的机舱各部件进行清洗、烘干后，检查发现 3 号叶片蓄电池组与充电器连接线两端接头均有短路现象，充电器报警信号被屏蔽（短接变桨蓄电池输出端子排 XB2 的 6 号端子和 D10 模块的 D139 端子）。检查蓄电池组外观未发现异常，端电压为 34.87V，已无法进行充放电试验。检查紧急变桨控制模块工作正常，紧急变桨接触器线圈动作正常，但连接蓄电池供电回路负极的 1 号、2 号触点的连接片烧断。检查叶片紧急变桨停止用的 1

号限位开关的摇臂在转轴端弯曲90°，2号限位开关的摇臂从转轴上脱落、丢失。查有关记录发现：5月11日16：23至5月14日11：32期间，该叶片在紧急变桨时多次出现"紧急变桨系统超时"故障报警。5月14日11：32，该风机在事故前最后一次紧急变桨时，该叶片角度已不会变化。因3号叶片在5月11日之前紧急变桨情况良好，排除蓄电池组及充电器故障。检查判断蓄电池组与充电器连接线两端接头短路是风机倒塌后该叶片控制柜受泥浆浸泡引起。

根据上述检查、分析结果，判断风机脱网后3号叶片不能顺桨的原因是5月11日16：23至5月14日11：32期间，该叶片在紧急变桨时，两个限位开关先后变形、损坏，导致叶片角度越限，叶片限位块顶住固定端的缓冲垫，造成变桨电机堵转，紧急变桨接触器中蓄电池回路的连接片因过流发热、烧熔，导致紧急变桨回路开路。

（4）对充电器报警信号被屏蔽情况的调查。

查该风机投产时，三个叶片的紧急变桨蓄电池充电器采用的是进口的SBP，因SBP故障后没有该型号备品，于2013年9月19日由厂家现场维护人员更换为国产的IBC。IBC投用以来，经常出现"充电模块故障"报警并导致风机故障停机。

2013年11月30日，厂家现场服务人员两次登机紧固三个充电器的接线，但故障没有彻底消除，风机投运后三个充电器仍有"充电模块故障"报警并导致风机故障停机现象：1号充电器最后一次报警时间为2013年11月30日20：22，3号充电器最后一次报警时间为2013年12月1日1：51，2号充电器最后一次报警时间为2013年12月1日7：07。

2013年12月1日8：40，厂家现场服务人员继续处理该缺陷工作负责人靳××，工作班成员石××、张×为处理T-3171号叶片充电模块故障、T-3182号叶片充电模块故障。12：32办理工作票结束手续并书面交底：30号风机现场更换叶片1号、2号、3号充电模块接线并更换1号叶片蓄电池，开机正常。该工作票结束后至本次事故前，该风机未再发生因"充电模块故障"报警导致风机故障停机情况。

事故调查组对有关人员进行了调查、笔录。调查确认靳××仅负责办理工作票、开车，未参与检修具体工作。风机厂家、业主单位也未下令、许可任何人员屏蔽该报警信号。但厂家现场服务人员工作班成员石××、张×均不承认自己屏蔽了该报警信号，也未举证其他人屏蔽了该报警信号。

根据以上调查，调查组判定工作班成员石××、张×于2013年12月1日在消缺过程中屏蔽了该风机三个叶片的紧急变桨蓄电池充电器的报警信号。

（5）本次事故原因综述。

3号叶片限位开关、接触器损坏；2号叶片蓄电池充电器损坏、充电线断线；1号叶片蓄电池老化、损坏导致风机脱网后三个叶片均不能顺桨，风机叶轮严重超速，第一节与第二节塔筒连接面载荷超过其极端载荷设计值是本次事故的直接原因；三个叶片紧急变桨蓄电池的充电器报警信号被屏蔽，导致充电器、蓄电池故障不能被及时发现是本次事故的主要原因。

（四）暴露问题

（1）屏蔽报警信号，缺陷未消除即启动风机。厂家现场维护人员将充电器报警信号屏蔽，导致不能及时发现充电器或蓄电池故障。风机出现"紧急变桨速度低"、"紧急变桨超时"报警时，也未引起重视，缺陷未彻底排除即启动风机。

（2）蓄电池性能不能满足运行要求，老化快。该风机采用全封闭免维护铅酸蓄电池作为风机紧急变桨动力电源，由于风机运行时轮毂柜温度较高，且紧急变桨时放电电流大，蓄电池容易老化、损坏。

（3）蓄电池充电器性能不能满足运行要求。该风机三个叶片紧急变桨蓄电池的充电器于2013年9月由风机厂家从进口的SBP更换为国产的IBC。IBC投运以来，充电器故障较多，且该型号充电器不具备数据通信功能，无法远程监视蓄电池电压，也无法对蓄电池的容量进行在线检测。

（4）叶片紧急变桨限位块、限位开关设计不合理。该风机的叶片限位块设计不合理，紧急变桨限位开关的摇臂容易被其挤压后变形导致限位开关失效；限位开关摇臂与转轴之间的连接方式不合理，摇臂容易从转轴中脱落导致限位开关失效。

（5）风机厂家、业主单位对现场人员监督不到位，员工安全意识薄弱，设备缺陷、安全隐患整改不力。

（五）防范及整改措施

（1）加强设备安全管理，防止风机带"病"运行。

1）风机厂家、业主单位应协调好风机质保期内设备的运行、维护和保养工作，严格落实"两票三制"，加大设备的维护保养，确保设备处于良好的状态，防止设备带"病"运行。

2）严禁屏蔽保护、报警信号，建立重要的保护或报警退出管理制度。立即组织对全场风机的保护、报警信号进行梳理，逐一进行检查、排除。发现设备故障、缺陷时应及时组织排除，未消除前严禁随意启动风机。

3）加强对紧急变桨蓄电池组的监视、维护。修订蓄电池运行规程和安全管理制度，及时发现蓄电池鼓包、断线、漏液等异常情况并及时处理，定期检查其容量是否满足紧急变桨要求。建议下一步考虑优化紧急变桨的动力电源，提高其工作可靠性。

（2）落实设备本质化安全，从根本上防止事故的发生。

1）优化风机控制逻辑，确保威胁风机安全的缺陷未消除前风机无法启动，满足设备本质安全的要求。

2）改进叶片紧急变桨限位块、限位开关设计，避免限位开关因摇臂变形或脱落导致开关失效。

3）改进蓄电池充电器的设计和产品质量，提高运行可靠性，实现远程监视电压、在线监测容量的功能。要求排查全场蓄电池充电器，对不能远程监视电池电压、在线监测蓄电池容量的全部更换为具备远程监视电压、在线监测容量功能的充电器。

（3）加强安全教育，提高安全意识。

1）开展风机厂家现场服务人员安全教育培训，提高维护人员的安全意识和安全责任心，杜绝设备维护不到位或带"病"投入使用。

2）开展生产运行作业人员的安全教育培训，强化生产人员的安全意识，牢固树立"安全第一、预防为主"的思想，熟练掌握风电场安全规程和设备运行、检修规程，进一步提高作业人员的业务水平，避免违规作业。

3）开展生产管理人员培训，强化"安全第一"的责任意识，严格设备异动管理，切实落实"两措"、设备运行规程和检修规程，切实抓好设备隐患排查治理，防患于未然。

4）风机厂家、业主单位应在全公司范围内认真组织事故的讨论和学习，总结经验教训，解决好安全生产与经济效益的关系，消除松懈麻痹和侥幸心理，从平时的细微工作抓起，牢固树立"安全第一、预防为主"的思想。

（4）深化隐患排查治理工作，建立隐患排查常态机制。风机厂家、业主单位应按照隐患排查治理有关规定，认真开展隐患排查治理工作，在做好管理制度、作业流程等隐患排查的基础上，扎实做好设备隐患排查治理工作，确保设备安全可靠运行。

四、中广核辽宁红沿河核电有限公司"11·15"主变 C 相本体开裂事故

（一）事故简述

2014 年 11 月 15 日，辽宁红沿河核电厂 3 号机组主变压器因变压器差动保护、重瓦斯保护动作，导致失去主外电源，反应堆自动停堆后稳定于热停堆状态。

（二）事故经过

2014 年 11 月 14 日 14：35，3 号机组出现主变压器轻瓦斯报警；14：36，红沿河公司运行人员按报警卡规定对现场油箱油位进行检查，油位正常；15：29，红沿河公司电气人员检查确认 3 号机组主变压器 C 相轻瓦斯报警真实触发；23：30，变压器油样化验出结果显示：乙炔超标，氢气超标。

15 日 00：15，准备进行第二次取样确认；00：21，主变压器差动保护、重瓦斯保护动作，导致失去主外电源，相关设备切换至辅助外电源供电，反应堆自动停堆后稳定于热停堆状态。现场查看发现 3 号机组主变压器防爆阀开启，C 相本体开裂，变压器油喷出，未发生火情及人员受伤情况。

（三）事故原因

1. 直接原因

3号机组主变压器C相储油柜胶囊破损导致变压器内部受潮，绝缘失效，X柱高压绕组发生贯穿性短路故障。

2. 间接原因

沈变（制造厂）对变压器充氮存放时间要求不明确，且设备介入活动未开启设备问题处理单进行处理。

沈变（制造厂）未能识别出胶囊在较长时间破损期间变压器内部受潮的风险，没有要求增加检查试验以验证是否受潮。

工程公司对不符合项报告和设备问题处理单监管不到位，设备监造监管纪律不严。

工程公司和东电一公司（安装单位）在储油柜安装前的检查内容不完整，检查方式不当。

东电一公司（安装单位）发现主变压器质量问题后未及时开启不符合项报告流程，缺乏"按章办事"的严谨作风。

红沿河公司部分专业人员监督管理存在不足，3号机组报警卡编制存在缺陷。

3. 根本原因

沈变（厂家）胶囊挂钩制造工艺过程控制存在缺陷，制造环节多道屏障被突破。

沈变（厂家）对现场异常问题处理存在不足，在胶囊破损后未能识别出内部受潮的风险并采取有效措施。

（四）暴露问题

（1）制造及运输过程。

1）沈变在胶囊挂钩工艺过程控制存在缺陷。2012年7月30日，在打开3号机主变压器C相储油柜后发现内壁上胶囊挂钩有一个尖端突起（毛刺），致使胶囊破损，胶囊挂钩端部切削加工、焊接等工艺过程均有可能产生毛刺。

2）沈变和工程公司分别在检验控制、设备监造方面存在一定不足。胶囊挂钩制造涉及的端部切削加工、焊接过程均有可能产生毛刺，但各工序后的外观检查均未发现此问题，沈变的内部检验屏障失效，工程公司监造人员审查沈变检查记录不严。

3）3号机主变压器C相出厂前储存不当。在沈变厂内充氮存储超过4个月（2011年12月3日充氮，2012年4月6日出厂），超出《红沿河核电站发电机主变压器安装使用说明书》"存放时间从充氮时起原则上最多不超过三个月"的要求，存在变压器受潮风险。

4）沈变绝缘成型件的原材料入场验收有待规范。沈变未对《变压器用成型绝缘件进货检验指导书》中要求的"密度、水分、灰份、水抽出物导电率、水抽出物 PH 值、电气强度"等指标进行复检。同时，沈变从事绝缘成型件弯管 X 光检测的 4 名 X 光检测人员均无相应资质。

（2）安装及试验过程。

1）安装单位和工程公司对 3 号机主变压器 C 相胶囊安装前检验失效。东电一公司和工程公司质量控制人员在储油柜安装前未按照"内部检查"的要求进入储油柜内部进行内部细致检查，仅在孔洞外进行了目视检查，也不符合行业标准《电气装置安装工程质量检验及评定规程》（DL/T 5161.1—2002）"触摸、观察"检查的要求，未能发现胶囊挂钩存在毛刺等异常情况。

2）3 号机主变压器 C 相胶囊破损期间无有效防潮措施。2012 年 6 月 19 日，在沈变（厂家）代表指导安装单位破真空过程中（主变 C 相注油期间）听到油枕有异音，怀疑胶囊出现破损，但东电一公司未及时开启不符合项报告流程（2012 年 8 月 15 日才补充开启）进行处理，因此，沈变（厂家）未能针对胶囊破损的情况提出特殊的防潮措施，致使从发现胶囊破损至胶囊更换期间（间隔 41 天），现场仅使用设备自带的吸湿器防止变压器受潮，存在因油枕胶囊破损造成变压器内部绝缘受潮失效的风险。同时，工程公司未督促东电一公司及时开启不符合项报告流程，监管职责履行不到位。

3）3 号机主变压器 C 相胶囊更换过程失控。2012 年 7 月 30 日，沈变（厂家）代表将 4 号机组胶囊移到 3 号机主变 C 相进行更换，但并未按照程序要求发起设备问题处理单流程，胶囊更换过程无质量跟踪文件进行控制。同时，工程公司未督促沈变（厂家）开启设备问题处理单进行胶囊更换作业，监管职责未履行到位。

4）3 号机主变压器 C 相胶囊更换后未验证是否受潮。3 号机主变压器 C 相胶囊更换完成半个月后，东电一公司（安装单位）补充开启开出了不符合项报告，但沈变（厂家）给予的答复意见仅是"将 4 号机组胶囊移到 3 号机组使用"，未识别出胶囊在较长时间破损期间变压器内部受潮的风险，没有要求增加检查试验以验证是否受潮。

5）红沿河部分专业人员监督管理存在不足。在沈变（厂家）、东电一公司（安装单位）和工程公司在现场安装及试验过程监督活动中存在的管理缺陷，红沿河公司部分专业人员未能够及时发现，监督管理上存在一定不足。

（3）调试过程和移交临时运行。

2013 年 9 月 26 日变压器首次倒送电运行，自投运至 2014 年 11 月 15 日 3 号机主变压器 C 相一直处于倒送电运行方式,事故调查组对此期间相关活动进行了调查，未发现异常。

（4）故障应急响应和干预。

事件发生后，运行当班值按照状态导向法（事故）程序（SOP）控制机组，当班值长作为运行控制组长，全权负责机组状态的控制，按要求进行应急响应。事故调查组主要针对 3 号机主变压器 C 相触发"轻瓦斯"报警信号后至该相爆裂前红沿河公司运行、电气、化学 3 个专业人员的应急处置情况进行了调查，发现存在如下问题：

1）部分专业人员的能力有待进一步提高。未能及时识别《变压器油中溶解气体分析和判断导则》（GB/T 7252—2001）中的错误而致使变压器故障类型判断出现了偏差，在一定程度上对于电气专业针对主变故障的判断和后续行动计划的制定产生了一定负面影响。

2）3 号机组报警卡编制存在缺陷。报警卡编制过程中只参考了设计院（广东电力设计院）给出的报警卡手册，没有将主变压器 EOMM 手册中第 2.3.1.2 节规定的"瓦斯保护动作相应要求"列入主变轻瓦斯报警卡（3GPA212KA）的应对操作中。

（五）防范及整改措施

（1）坚持保守决策原则，完善应急处置体系，提高现场应急响应能力。红沿河公司要进一步完善主变异常报警卡程序，健全主变异常（轻瓦斯）动作后的响应流程（包括响应事件、响应行动及标准、安全相关行动要求等）并落实在工作程序中，并严格按照"禁止无规程操作、禁止不遵守规程操作、禁止无监护操作、禁止带疑问操作、严格执行自检"等原则执行程序要求。

（2）深刻吸取事故教训，举一反三，强化主要设备安全质量隐患专项整治。红沿河公司要高度重视国家能源局《防止电力生产事故的二十五项重点要求》（国能安全〔2014〕161 号），坚持"安全第一、预防为主、综合治理"的方针，加强领导，认真开展安全质量隐患专项整治工作，对红沿河项目范围内的主要设备安全隐患进行全面排查，切实保证有关要求在设计、安装调试、运行维护、更新改造等阶段落实到位，及时消除安全隐患，确保专项治理取得实效，有效防止电力生产事故的发生。

（3）加大主变压器设备全过程监管力度，强化设备质量异常与变更管理。工程公司应按照设备监造活动、设备安装活动的程序要求进行主变压器全过程活动的管理，加强对主变压器制造和安装质量知识的教育培训，提高设备制造监造人员、安装过程监督人员的技能水平和安全质量意识。同时，工程公司要严格按照程序要求，加强对设备缺陷处理的监管力度，严格控制现场各类设备异常与变更管理。

（4）严格落实设备制造质量主体责任，加强设备质量过程管理。沈变（厂家）必须遵守国家法律法规，严格按标准规范和供货合同设计、制造、试验、储存变压器，加强对主变压器制造质量意识的教育培训。

（5）强化主变压器设备安装主体责任，强化设备安装过程监督。东电一公司（安装公司）要严格遵守《电气装置安装工程质量检验及评定规程》（DL/T 5161.1—2002）

相关管理要求，现场各类安装作业必须严格按程序文件执行。

（6）组织全方位的反思和学习活动，提高相关单位质量意识和核安全文化水平。各单位要从本次事故中反思根本原因，加强《防止电力生产事故的二十五项重点要求》宣传教育工作，以及核安全文化培训教育工作，认真组织所属各级各类相关单位、部门和人员培训，提高质量意识和核安全文化水平。

第三章　自然灾害造成的人身伤亡事故

一、三峡集团乌东德水电站"6·10"左岸公路坍塌事故

（一）事故简述

2014 年 6 月 10 日，凉山州会东县乌东德水电站建设项目会东至河门口专用公路工程 2 标段，下腰岩隧道 K35+3701—K35+440 发生坍塌，造成 3 人死亡、1 人受伤的较大事故。

（二）事故经过

2014 年 6 月 10 日 21：30 左右，福建宏泰现场值班人员林××对下腰岩隧道 K34+900—K35+400 段围岩稳定及施工用电等情况进行施工前的安全检查，未发现异常情况。然后安排 5 名施工人员于 21：50 左右进入现场。22：00 左右作业人员在 K35+370 下台阶工作面钻孔施工时，K35+370—K35+440 段右侧顶板发生坍塌，塌空厚度约 5m—6m，长度约 70m，坍塌量约 1300m³。造成 3 名施工人员被埋，1 名受伤，1 名成功脱险，由于坍塌方量较大，现场持续有小面积坍塌，增加了救援难度。3 名被埋人员黄×华、黄×真、黄×文分别在 6 月 11 日凌晨陆续找到，经医生确认已经死亡。

（三）事故原因

1. 直接原因

通过专家现场踏勘测量，根据《会东县乌东德水电站专用公路工程"2014.6.10"较大安全事故技术调查报告》，事故现场围岩裂隙较发育，岩性差异大，顶板岩层为砂岩和页岩交界面，右帮有明显光滑面，岩石呈倒三角，下部被坍塌岩石破坏，下滑倒三角体岩石上部完整。下台阶施工后，破坏了岩石结构完整性，右侧帮岩石滑落，导致顶板失稳，是发生此次坍塌事故的直接原因。

2. 间接原因

（1）福建宏泰有限公司在隧道支护施工过程中，局部锚喷网支护间距、长度、灌浆没有严格按照设计要求施工。

（2）中铁七局乌东德项目部没能督促施工单位严格按照设计施工。

（3）宜昌长江委工程建设监理中心在施工监理过程中，没有及时发现和制止施工人员未严格按照设计施工。

（四）防范及整改措施

（1）进一步加大水电建设施工安全监管力度，特别是大型水电建设施工安监要进一步落实企业安全生产主体责任和地方政府日常监管责任，督促企业切实加强安全管理，深入开展安全隐患排查治理。

（2）加强隧道施工过程中的地质预报工作力度，强化顶、帮支护和施工现场监管，确保严格按照设计施工。

（3）全面排查治理类似不按设计施工的隐患问题。

（4）进一步加强安全培训教育工作，加强法律法规的学习，严格遵守事故统计上报时限和流程。

（5）全面加强汛期安全生产管理，严防各类自然灾害引发次生生产安全事故，确保汛期施工安全。

二、四川省会东县乌东德水电站左岸"7·12"塌方造成伤亡事故

（一）事故简述

2014年7月12日，四川省会东县乌东德水电站左岸，红崖湾沟上方施工区域外高程约2000m左右部位，因自然灾害引起山体塌方，塌方体顺红崖湾沟滑落至1号泄洪洞进口平台，造成3人死亡、4人失踪。

（二）事故经过

7月12日09：20左右，乌东德工程泄洪洞进口高位自然边坡发生塌方，初步估算塌方量约200m³。塌方体位于1号泄洪洞进口斜上方高程约1300m左右，塌方石渣顺红崖湾沟滑落至1号泄洪洞进口平台处高程约910m，塌方体的滑落线路上有红崖湾沟沟心支护排架作业面，事故造成排架作业面损毁致3人死亡、4人失踪、7人受伤。

（三）事故原因

事故发生部位为泄洪洞进口高位自然边坡，没有人为扰动，并已经采取了主被动防护网措施，事故原因初步分析，认为是自然灾害。

第四章 电力安全事件

一、徐州华润电力有限公司"1·5"跳闸事件

（一）事件简述

2014年1月5日，彭城电厂6号机组主变差动保护跳闸出口机组全停，同时5号机组发电机复压过流保护启动、高厂变差动保护动作出口机组全停。现场检查雾霾严重且空气湿度极大导致6号主变出线转接塔B相绝缘击穿、均压环损坏，由于5号、6号主变高压侧出线同塔同区域，污染及外绝缘下降程度与6号一致，受电弧影响5号主变出线短路及干扰导致保护出口跳闸。

（二）事件经过

5号、6号机组运行正常，负荷均约为800MW。由于徐州地区入冬以来长期无雨雪造成污染物缓慢沉积，受当日雾霾天气严重湿度极大，绝缘子表面附着污秽物质溶解在水分中，形成电解质的覆盖膜，使瓷件和绝缘子的绝缘性能大大降低，致使表面泄漏电流增加，当泄漏电流达到一定数值时，导致闪络事故发生。

事件发生后，公司领导第一时间赶赴现场查看情况，同时组织人员对受雾霾污染的电气设备进行抢修、清扫。

由于500kV电气设备污染严重，分别对两台机组500kV电气设备外绝缘进行多次清扫，并通过机组零启升压查找绝缘薄弱环节进行重点清扫，直至能够满足要求后5、6号机组分别于2014年1月7日23：37、1月8日7：50并网。

（三）事件原因

从现场检查及保护动作情况分析，并邀请发变组保护厂家及江苏方天电力有限公司相关专家进行现场取证、分析、讨论，故障原因应为污闪当天受浓雾天气影响，且线路位于冷却塔冬季风向下侧导致湿度过大，6号主变出线转接塔B相悬垂绝缘子发生污闪导致绝缘击穿，造成均压环局部烧熔，6号机组主变差动保护跳闸出口机组全停。又由于5号、6号主变高压侧出线同塔同区域，5号机组线路污染及外绝缘下降程度与6号一致，受绝缘下降、电弧影响5号主变出线不同程度短路及干扰导致保护出口跳闸。

（四）防范及整改措施

（1）在对5号、6号机组所用绝缘子进行清扫后，现正在按计划逐步将1—4号

机组及 01 号、02 号、03 号启动变相关间隔进行申请停运清扫；

（2）结合徐州地区防污等级，计划在春节后 6 号机组 D 级检修期间对 6 号机组出线所有悬垂绝缘子进行更换，在瓷瓶等高基础上增大伞裙，更换后满足爬电比距 IIII 级污秽等级要求，在 2014 年 4 月份 5 号机组 C 级检修期间对 5 号机组出线所有悬垂绝缘子进行相应更换；

（3）逐步完成对全厂所有支柱、悬垂绝缘子进行防污闪涂料喷涂；

（4）严格坚持高压电气设备逢停必扫的原则，按要求完成年度预试及盐密、零值测试工作；

（5）据了解，目前电网已全面提高防污等级，相比较而言，同类电厂涉网设备的防污等级也应相应提高，已满足极端恶劣天气下的供电要求。

二、云南电网公司曲靖供电局"2·15"220kV 平川变失压事件

（一）事件简述

2014 年 2 月 9 日晚开始，云南滇东北地区气温骤降，出现大面积输配网线路覆冰情况。2 月 15 日 10：31—10：56，220kV 虹平 II、I 回线相继跳闸，220kV 平川变失压。

（二）事件经过

220kV 虹平 I、II 回线并列运行供 220kV 平川变电站，220kV 平川站供 220kV 凤钢站、110kV 格宜站、宣威站、福兴站、放马坪站、榕城站、且午牵引变、背开柱牵引变、云维乙炔降压站（停产）、凤凰山站；达开电厂经格宜站 35kV 达开线并网；黄鹰洞电厂经 110kV 黄凤线并网。

断点：平川站 192 断路器冷备用，格宜站 171 断路器、宣威站 143 断路器、福兴站 152 断路器、放马坪站 161 断路器、榕城站 112 断路器、云维乙炔降压站 133、134 断路器热备用；110kV 响平格凤线处检修（线路属客户产权），响水电厂陪停。

2014 年 2 月 15 日 10：31，220kV 虹平 II 回线 AC 相故障跳闸，重合不成功。跳闸保护动作情况见表 2-1：

表 2-1 　　　　　　　　　　虹平 II 回线跳闸保护动作情况

厂站\保护	220kV 虹桥变电站	220kV 平川变电站
主一保护	电流差动动作	电流差动、距离保护 I 段动作
	26.9km	3.1km
主二保护	纵联保护动作	距离 I 段、纵联保护动作
	26.88km	3.047km
故障录波	27.021km	3.21km

10：56，220kV 虹平 I 回线 BC 相故障跳闸，重合不成功，造成 220kV 平川变

全停。跳闸保护动作情况见表 2-2：

表 2-2　　　　　　　　　　　　　　　虹平Ⅰ回线跳闸保护动作情况

保护 ＼ 厂站	220kV 虹桥变电站	220kV 平川变电站
主一保护	电流差动保护动作	电流差动、距离保护Ⅰ段动作
	31.5km	2.5km
主二保护	光纤纵联距离保护动作，光纤纵联零序保护动作	距离Ⅰ段、光纤纵联零序动作
	51.2km	34km
故障录波	28.53km	0km

　　事件造成 220kV 平川站全站失压，造成 220kV 凤凰山钢铁厂用户站失压，110kV 格宜变失压，两个 110kV 用户变电站背开柱牵引变、且午牵引变失压。其中，且午牵引变停电 36 分钟（10：56—11：32）、背开柱牵引变停电 25 分钟（10：56—11：21），两个牵引变为一级用户。之后向客户咨询，其间有一列客车（K2285 长春至昆明）和两列货车（22662、22660）受停电影响，但未造成客车延误；用户云维乙炔因产品市场不佳，亏损严重，已于 2013 年 11 月 25 日正式办理停产手续，110kV 平维双回线带电保线，未造成负荷损失；110kV、35kV 凤凰山用户变因福兴变备投成功，两站未造成负荷损失；凤凰山钢铁厂 220kV 供电线路停电，生产系统停电，35kV 福龙线恢复供电，备用保安电源正常供电；中村煤矿生产系统停电，35kV 坝中线备用线正常供电（由于该线路建设年代久，可靠性较差，正常供电时仅做为保安应急电源，与生产用电分开）。110kV 宣威、福兴、放马坪、榕城变电站备投动作成功。事件共损失负荷 42.9MW，损失电量 22.185MW·h，影响用户数 63685 户，事件前宣威片区总负荷 467.8MW，损失负荷占比 9.17%；损失负荷占曲靖地区总负荷 1.745%。

　　虹平Ⅱ回线跳闸后，曲靖供电局进入应急状态，及时向省公司汇报事件信息和线路巡查信息。中调统一指挥，组织地调、变电运行单位调整运行方式，对停电用户及时恢复供电。曲靖供电局生产副局长及时组织安监部、设备部及线路运维人员分析线路跳闸原因，组织运维人员查找线路故障并积极做好应急抢修准备工作。

　　10：31，虹平Ⅱ回线跳闸，中调立即通知检查 220kV 平川站设备状况，准备对虹平Ⅱ回线进行强送。供电局相关专业人员迅速集中讨论，初步判断线路正处于脱冰阶段，当时 220kV 平川变电站只有一回进线供电，在综合平衡电网及地区重要负荷情况等各种因素后，决定调整运行方式。在平川站一二次设备未检查清楚前，由 110kV 宣威站反送电至 220kV 平川站，以提高平川站应急处置速度。在 10：51 下达了操作令，在现场准备操作 110kV 虹宣Ⅰ回 143 断路器时，10：56，虹平Ⅰ回线跳闸，220kV 平川变全站失压。地调立即启动 220kV 平川变电站故障处置预案，对 220kV 平川变全站失压进行处置。

11：06，110kV 宣威变电站 110kV 平宣Ⅰ回线送电正常。11：19，220kV 平川变电站 110kV 母线带电正常。11：21，背开柱牵引变恢复供电，11：32，且午牵引变恢复供电。11：38，110kV 格宜变恢复供电。

11：46，运行人员检查 220kV 平川变设备无异常。12：13，中调强送 220kV 虹平Ⅱ回线成功。12：29，宣威凤钢恢复供电（中间约有 10 分钟为用户检查设备，不要求送电）。12：37，中调强送 220kV 虹平Ⅰ回线成功。12：45，恢复平川站 220kV 两台主变运行。14：21，平川站 110kV 母线分列运行方式调整完毕（断点母联 112 断路器），由宣威站 110kV 平宣Ⅰ回线、平川站主变各带一段母线负荷运行。

在此期间，调度、营销人员及时与各重要用户及相关厂站沟通，告知电网运行情况，取得用户的理解与支持，并开展应急响应。

同时，曲靖供电局安排 20 人、4 辆车分 4 个小组对 220kV 虹平Ⅰ、Ⅱ回线保护测距区段的 N60-N80（同塔架设）杆段进行巡查。查线发现：220kV 虹平Ⅱ回线 69、70 号区段 AC 导线上有放电痕迹；220kV 虹平Ⅰ回线 69 号、70 号区段 BC 导线上有放电痕迹。

（三）事件原因

1. 线路跳闸原因分析

2 月 14 日夜，宣威地区气温大幅降低，现场最低气温 -2℃，导致线路出现覆冰，2 月 15 日 09：54，N73 塔覆冰达到 4mm。2 月 15 日上午，天气转晴，气温快速回升，现场气温 9℃，结合导线上的放电痕迹判断线路跳闸原因是 220kV 虹平Ⅰ回线 69 号、70 号、虹平Ⅱ回线 69 号、70 号区段导线开始脱冰，导致导线相与相之间的电气距离不足而放电，引起线路跳闸。

2. 保护动作分析情况

（1）220kV 虹平Ⅱ回线：

故障时间：2014-02-15 10：31：39

故障相别：AC

故障类型：相间故障

表 2-3　　　　　　　　　　　虹　桥　侧

保护名称	保护型号	动作元件	功能分类	动作时间	动作情况
主一保护	RCS-931BM	电流差动	主保护	10ms	三跳
主二保护	CSC-101D	纵联保护	主保护	39ms	三跳

表 2-4　　　　　　　　　　　平　川　侧

保护名称	保护型号	动作元件	功能分类	动作时间	动作情况
主一保护	RCS-931BM	电流差动	主保护	10ms	三跳
主一保护	RCS-931BM	距离Ⅰ段	后备保护	29ms	三跳

保护名称	保护型号	动作元件	功能分类	动作时间	动作情况
主二保护	CSC-101D	距离Ⅰ段	后备保护	28ms	三跳
主二保护	CSC-101D	纵联保护	主保护	42ms	三跳

（2）220kV 虹平Ⅰ回线：

故障时间：2014-02-15 10：56：02

故障相别：BC

故障类型：相间故障

表 2-5　　　　　　　　　　　虹　桥　侧

保护名称	保护型号	动作元件	功能分类	动作时间	动作情况
主一保护	RCS-931BM	电流差动	主保护	10ms	三跳
主二保护	CSC-101D	光纤纵联	主保护	46ms	三跳

表 2-6　　　　　　　　　　　平　川　侧

保护名称	保护型号	动作元件	功能分类	动作时间	动作情况
主一保护	RCS-931BM	电流差动	主保护	9ms	三跳
主一保护	RCS-931BM	距离Ⅰ段	后备保护	36ms	三跳
主二保护	CSC-101D	光纤纵联	主保护	48ms	三跳
主二保护	CSC-101D	距离Ⅰ段	后备保护	40ms	三跳

　　结合查线结果，分析事故原因为 220kV 虹平Ⅰ、Ⅱ回线因覆冰融化导致相间故障，由于重合闸投单重方式，因此重合闸不动作。所有继电保护装置、备自投装置均动作正确。

　　（四）暴露问题

　　（1）对线路覆冰新特点认识不足。2014 年以来，云南省滇东北地区出现气温降低后，线路在短时间内覆冰快速增加的新特点，给应急处置带来较大困难，导致线路受损或脱冰跳闸，尤其是局部微气象区段。通过现场调查了解，2 月 14 日下午开始宣威地区天气突变，导致 220kV 虹平Ⅰ、Ⅱ线在 14 日夜间覆冰快速增长，15 日气温又快速回升，致使线路脱冰时发生跳闸。应对气候骤变的处置能力不足。

　　（2）应急管理经验不足，预见性不够。未及时认识到覆冰的新特点，未结合气候及设备情况进行更深入的分析研究。对微气象环境覆冰突变重视不够，未将宣威片区列为重点关注对象，防范措施不全面。缺乏防止线路脱冰造成导线舞动的技术措施和地线融冰手段。

　　（3）督促客户安全隐患整改力度不够。凤凰山钢铁厂和中村煤矿两个二级客户在 2013 年安全隐患检查时，均发觉其无自备发电机，不能满足重要客户用电安全管理要求，同时下发了《安全隐患整改通知书》，但客户不予理会，整改难于落实。

（五）预防及整改措施

（1）跟踪天气变化情况，增加群众护线员，如气温下降较快时，增加观冰频次，及时反馈信息。

（2）探索线路防舞动措施抑制导线舞动幅度，选择在大档距、特殊微气象区线路加装相间间隔棒，跟踪监测防导线舞动的效果。

（3）对重要客户安全用电及存在风险情况进行梳理。对新增客户，在供电方案答复时，根据不同重要客户要求，明确要求其建设满足要求的电源点和配置合格的自备发电机。对原不能满足供电电源和自备应急发电机配置要求的客户，与其签订安全协议，明确双方安全责任。积极向地方政府和能监办汇报，争取支持，并充分利用地方电力行政执法平台督促其整改。

（4）本次冰灾过后，云南电网公司将组织对本次冰灾的新特点、应急存在的困难和问题、教训、处置方案等进行总结分析，提升应急处置能力。

三、南方电网云南楚雄换流站"3·19"±800 楚雄直流山火导致双极相继闭锁事件

（一）事件简述

2014 年 3 月 19 日，南方电网公司超高压输电公司昆明局出行换流站±800kV 楚穗直流线路 25 号塔周围发生山火，导致楚雄换流站双极相继闭锁，造成双极四阀组闭锁后直流输送功率损失 2500MW、时间 54min，±800kV 楚穗直流双极 70%电压（560kV）降压运行 291min。

（二）事件经过

2014 年 3 月 19 日 14：30，护线员收到线路附近发生山火情况后，于 14：35 向护线专责电话汇报，因位置信息无法判断，护线员立刻赶往山火现场。

14：45：37：351，极 I 闭锁，14：45：37：353，极 II 闭锁，双极四阀组由解锁状态转为闭锁状态。

15：01，昆明局立即根据《换流站防山火现场处置方案》和《输电线路防山火现场处置方案》，迅速启动应急流程，并按照就近原则安排楚雄站人员赶往火灾事故现场调查。15：10，输电所清点特巡工作所需工器具，前往山火事发现场了解情况。在 15：00—16：30 期间，输电管理所联系护线员王××了解现场山火情况，着火位置大概在 25 号周围，当地政府防火办已组织约 200 人的救火队在现场开展救火工作，但由于现场山火火势过大，救火工作很难开展，并且当地政府已封闭上山路径，护线员只能进行远观汇报山火情况。15：15，昆明局技术人员迅速查询通道管控系统和设备台账，发现过火区段线路通道地形为山区、植被茂密、树种以松树为主，树高 12m 左右。通过查询巡视图片和记录分析，17—19 号线路下方为经济作物，发生山火可能性极小，而 20—25 号均位于山区，线路下方植被茂盛，主要树种为松树，易引发山火，导线对树木最小净空距离 22m，位于 23 号铁塔附近，结合直流闭锁信息分析可能原因为：山火导致楚穗直流线路闭锁。15：30，护线员到达山火现场，反馈着火位置在 25 号塔附近。由于现场山火火势过大，救火工作开展困难，且当地政府已封闭上山道路，当地政府防火办已组织约 200 人的救火队在现场开展救火工作。15：39，根据现场人员反馈山火情况，综合分析后申请将楚穗直流双极操作至解锁状态，双极降压 70%（560kV）运行，楚穗直流输送功率 500MW。16：20，昆明局人员到达山火事发现场，经现场查看，起火范围在 ±800kV 楚穗直流线路 23—25 号线路通道内，23—25 号通道内山火已熄灭，正向远离线路方向蔓延。当时风向为西南风，风速约 5m/s。17：00，线路通道下方还有较小的明火。18：00，山火已蔓延至 25 号塔极 2 外侧约 200m，现场仍然有明火。19：00，山火已蔓延至 25 号塔极 2 外侧约 500m，现场仍然有明火。昆明局第二批人员到达山火事发现场后立即对 26—29 号塔分区域进行可能出现火情的排查和值守。20：00，山火已蔓延至 25 号塔极 2 外侧约 800m，现场明火已基本被扑灭。经调查了解，起火时间约为 14：30，起火原因不明，经询问当地林业管理部门，现场估计过火面积为 $2.3km^2$。

（三）事件原因

1. 直接原因

输电线路走廊发生山火后，由于山火燃烧的高温空气向上运动，周围的冷空气随着不断补充形成对流，燃烧的热气中含有一定的导电物质随着向上运动，由于导线对地线净空距离小于导线对地面净空距离，当烟雾在不断地升腾的过程中造成空气间隙小于 ±800kV 直流线路工频电压闪络的最小绝缘组合间隙，造成导线对地线先于导线对地面放电。

20 日上午的检查结果发现，24 号塔极 1 大号侧 90m 左上子导线下方有明显放电痕迹，且其正上方地线也存在明显放电痕迹，在 24 号塔极 1 大号侧 110m 右中子导线上有明显放电痕迹，在 24 号塔极 2 大号侧 110m 处左中子导线有明显放电痕迹，其他段无异常。分析在 24 号大号侧 90m 极 1 位置发生导线对地线放电，在大号侧 110m 处发生极间放电。

据现场监测及故障点情况推测，此次山火初发时着火点位于楚穗直流 23 号塔山下，火势为上山火。由于 24 号塔处于山腰，25 号塔位于山顶，24—25 号档通道植被较为茂盛，火势顺风向迅速向空中飘散，夹杂大量灰烬和炭黑，灰烬触发放电后就形成链式放电，造成 24 号大号侧 90m 极 1 位置发生导线对地线放电，24 号大号侧 110m 位置发生极间闪络。

2. 间接原因

（1）总调下发的定值对线路故障重启造成影响。楚穗直流线路故障再启动次数设定为 1 次，一极闭锁后另一极直流线路故障直流闭锁时间间隔为 900s。由于受此设定定值的影响，5s 内一极线路再次故障将不能再启动，一极故障另一极 900s 内发生故障则不进行再启动，因此极 II 故障时极 I 处于闭锁状态，不能重启。

（2）山火发展迅速，且地处偏僻地段未能提前发现。此次山火起火点非常靠近楚穗直流线路，起火点位于森林覆盖区，树种以松树为主，且由于连年严重干旱，大量林木及林下植被受冻枯死，加林区风力大，火势迅速蔓延至楚穗直流线路下方，并产生浓密烟雾。加之地处偏远山区，附近无居住人员，山火信息发现和传递较慢，且交通不便，对政府部门现场扑救带来极大困难。

（四）暴露问题

（1）缺乏提前发现山火的技术手段。目前大多情况下主要靠班组人员巡视及群众护线得知山火信息，但由于线路点多面广，许多线路地处偏远人稀的地方，仅靠护线员，很难第一时间发现山火并判断火情，难以对山火进行有效应对、处置。

（2）楚穗线路故障重启动的相关定值设置还有待进一步研究和优化。由于受线路故障再启动软件内计数器的限制，线路故障再启动定值设定为 1 次，5s 内线路再次故障将不能再启动。受一极闭锁后另一极直流线路故障直流闭锁间隔时间 900s 限制，如一极发生故障 15min 内另一极故障将直接发生双极闭锁或相继闭锁。

（3）山火防范措施研究有待进一步开展。本次线路通道植被控制的净空距离为 22m，导地线为 17.5m，极间为 20.5m，但仍发生了山火跳闸事件，需进一步加强山火机理研究，完善防山火工作手册，对山火应急、通道清理及线路设计等提出进一步建议。

（4）防火应急联动机制需进一步完善。虽然昆明局与地方林业及森林消防等部门建立了联系，但联动效果不佳，在线路附近发生山火时，林业及森林消防部门往往不能及时告知山火信息，山火信息不能及时掌握，影响山火应急处置。

（五）防范及整改措施

（1）短期措施：

1）调整线路再启动功能定值：将单极闭锁后另一极直流线路故障直流闭锁间隔时间由 900s 调整为 0s。

2）对 24 号、25 号杆塔进行检查，检查杆塔及金具是否存在受损情况。

3）结合停电检修对 24 号塔极 1 大号侧因山火放电造成损伤的导线进行复核，用补修管进行补修。

4）清明期间，派出 4 个现场监控组对楚穗直流线路开展防山火重点区段巡视与监控值守工作。

（2）中期措施：

1）分析研究直流线路故障再启动逻辑功能，根据不同时期线路故障可能，提出定值设定优化建议。

2）在高温大负荷期间对 24 号塔极 1 大号侧因山火放电造成损伤的导线进行红外测温监控。

3）完善输电信息资源平台，动态更新通道档案，做好输电线路运行维护管理工作和山火危险点校核及清理工作。

4）发挥护线员的区位优势做好线路沿线群众防山火宣传工作，对山火信息汇报及时人员给予奖励。

5）利用多种培训手段，进一步提高各级人员的防火方面综合知识（包括识别地形、山火常识等）。

（3）长期措施：

1）申请增加防山火成本投入，在线路山火易发区段，申请加装多光谱红外山火预警或视频监控装置。

2）开展特高压直流线路山火放电机理和有效安全距离的研究，给通道清理等维护工作以及应急处置提供较为明确的依据。

3）按照"点、线、面"相结合的原则，建立并完善以群众护线员、临时防山火联络员为基础，各乡镇防火站和县级森林防火机构相结合的完整的山火预警信息网络。以便提早发现山火火情，为运行维护策略的提出赢取宝贵的时间。

4）认真对线路各山火危险点，按照轻重缓急相区别的原则，开展地表植被的清理工作。考虑申请增加运维成本，根据不同植被，增加通道树木的安全控制距离，从源头上控制山火风险。

四、云南省文山供电局"3·22"220kV普厅变全站失压事件

（一）事件简述

2014年3月22日，220kV砚普Ⅰ回线AC相故障跳闸、220kV砚普Ⅱ回线BC相故障跳闸。220kV普厅变，110kV新华变、里达变、罗村口变、富宁城区变失压。

（二）事件经过

2014年3月22日05：34，220kV砚普Ⅰ回线AC相故障跳闸、220kV砚普Ⅱ回线BC相故障跳闸。220kV普厅变，110kV新华变、里达变、罗村口变、富宁城区变失压。

（1）220kV普厅变电站。

220kV砚普Ⅰ回线：主一保护差动永跳出口，综重沟通三跳，测距111.20km；主二保护：纵联保护A跳出口，综重沟通三跳，测距108.86km。

220kV砚普Ⅱ回线：主一保护：差动永跳出口，综重沟通三跳，测距114.34km；主二保护：综重沟通三跳，测距60.55km，故障选相BCN，故障录波测距111.612km。

（2）500kV砚山变电站。

220kV砚普Ⅰ回线：主一保护接地距离Ⅰ段动作，相间距离Ⅰ段动作，差动永跳出口，AC相接地故障，测距49.82km，重合闸未动作。主二保护接地距离Ⅰ段动作，纵联保护永跳出口，AC相接地故障，测距50.50km，重合闸未动作，故障录波测距 49.392km。

220kV 砚普Ⅱ回线：主一保护接地距离Ⅰ段动作，相间距离Ⅰ段动作，差动永跳出口，测距 55.68km，主二保护接地距离Ⅰ段动作，相间距离Ⅰ段动作，差动永跳出口，测距 55.79km，BC 相故障，重合闸未动作，故障录波测距 55.883km。

（3）电网恢复情况。

06：31 220kV 普厅变复电；

06：54 110kV 富宁城区变 110kV 母线复电；

06：56 110kV 新华变 110kV 母线复电；

06：59 110kV 罗村口变 110kV 母线复电；

07：16 110kV 里达变 110kV 母线复电。

（三）事件原因

根据现场故障查线结果、地形地貌及杆塔位置，结合保护动作情况及测距、雷电定位系统查询结果，综合判断本次事件原因为线路遭受强雷击反击，引起双回线路同跳。使用典型事故（事件）树模型为工具开展分析工作，分析直接原因和间接原因如下：

（1）电网风险危害辨识、风险评估环节。

根据《2014 年文山电网风险概述》（文电调度〔2014〕7 号），2014 年影响 220kV 砚普双回线的安全运行的危害因素有电网结构、大风、冰雪、雷击，通过对危害因素造成的风险进行评估，风险值为 36，构成地区电网Ⅳ级风险。

根据上述情况分析，在电网风险的辨识与评估环节未发现明显问题。

（2）制定措施环节。

该线路在 2013 年以前列为三级管控设备，2014 年根据《云南电网公司 2014 年设备主要风险及重点维护策略》《文山供电局 2014 年设备主要风险及重点维护策略》的要求，《2014 年文山电网风险概述》（文电调度〔2014〕7 号）的评估结果，将该线路列为二级管控设备进行管控。

在重点维护策略中，按照风险时段和特殊区段，对该线路进行了详细的特殊风险时段特殊区段划分，如覆冰、雷击、山火等。并针对上述区段及部分隐患制定了针对性的维护策略，如雷击区段的措施一是加强对线路特殊区段及隐患、缺陷的巡视和监控，及时检查线路防雷设施是否完好，抄录避雷器读数，测量线路杆塔接地电阻；二是把所有缺陷和隐患、防雷技改项目纳入停电检修计划，在线路停电时一并开展；三是对接地电阻接近设计上限值的线路杆塔申报接地系统大修或技改项目。

根据上述情况分析，在制定措施环节未发现明显问题。

（3）实施措施、监察评估环节。

至 2012 年共计在 220kV 砚普Ⅰ回线 196 基杆塔上装设了 588 组招弧角，在

220kV 砚普 Ⅱ 回线 22 基杆塔上装设了 44 支氧化锌避雷器。至今，有 6 基杆塔的招弧角有放电痕迹、35 支避雷器共动作 182 次，措施效果明显。

按云南电网公司 2014 年主要设备风险及重点维护策略开展特维巡视，分别在 2014 年 2 月和 3 月对该线路所安装的防雷装置进行了检查维护和常规巡视，未发现异常，计划在 2014 年 6 月份同步配合变电预试定检工作时，对线路进行轮流停电检修消缺（主要为自爆绝缘子）、增装氧化锌避雷器。

在 2011—2013 年分别组织线路运维人员参加雷电定位系统操作使用、终端探测站维护培训，并按规定对雷电定位系统探测终端进行日常维护。

在实施措施、监察评估环节未发现明显问题。

（四）暴露问题

（1）地区电网网架结构薄弱，稳定支撑电源点不足。220kV 砚普双回线同塔架设，一旦两回线都发生多相接地故障，必然导致 220kV 普厅变全站失压，负荷损失较大。虽然文山局在历年电网风险分析和重点设备运维策略中，都有针对性地提出了相应措施，并且根据风险评估结果在 2014 年 2 月将设备管控级别调升至二级，但由于受限于基础网架结构，此线路双回跳闸仍然会导致 220kV 普厅变全站失压。

（2）线路经过区域近几年雷电活动呈上升趋势。从投运以来掌握的历史数据分析，该线路所经区域雷电活动逐年增加，频繁且强度较大，大部分区域雷电活动超过 40 个雷暴日，属于多雷区。虽然文山局已结合雷电定位系统、雷击故障杆塔等综合情况，在线路上实施了多重防雷的保护措施，并取得了一定效果，但该线路自 2010 年投运以来，曾遭受了 5 次强雷击，引起 5 次双回线路同跳故障，5 次强雷击雷电流幅值均较大，最小雷电流幅值 92.4kA，最大 352.6kA，基本上均超过线路的耐雷水平（75 kA～110kA），因此该线路的防雷击跳闸的形势仍然严峻。

（3）该同塔双回线路均投入单重自动重合闸装置。在面对单相瞬间故障时，单重自动重合闸能较好地发挥作用，使线路快速恢复运行。但对于强雷击造成的双回多相瞬时故障时，因重合闸装置不启动，变电站全站失压不可避免。

（4）雷击为概率事件，即雷击杆塔具有不确定性，给整改措施带来了一定困难。投运至今仅有一基杆塔 253 号塔出现重复雷击的情况，有限的资金只能逐年滚动对全线路进行招弧角、避雷器、改善接地电阻等整改。

（5）招弧角发挥防雷功效存在局限性。根据云南电力研究院的研究成果：招弧角对于雷电流幅值在 100kA 及以下的雷击故障，能产生较好的效果，避免另一回线路故障跳闸几率可达 90%左右；雷电流幅值在 100kA—180kA 之间时，单回跳闸和双回同跳几率大约各占 50%；雷电流幅值超过 180kA 时，招弧角几乎失效，引发的故障基本上均为双回同时跳闸。

（五）防范及整改措施

（1）按照云南电网公司和文山供电局 2014 年输变电设备主要风险和重点维护策

略的要求，对 220kV 砚普Ⅰ、Ⅱ回线开展特维。

（2）结合线路历年故障跳闸的情况、雷电定位系统统计的历史数据、系统梳理 220kV 砚普Ⅰ、Ⅱ回线防雷措施和方法，进行专题研究。

（3）在线路停电检修时，及时消除线路缺陷，完成 2014 年防雷技改项目、大修项目的实施（调整招弧角、增装线路避雷器）。

（4）立项、申报大修项目，尽可能降低线路杆塔接地电阻（主要针对接地电阻值接近设计上限值的杆塔）。

（5）加强对易发山火区、易受外力破坏区等特殊区段的巡视和维护，及时清理存在并可能导致线路永久故障的隐患和缺陷。

（6）组织 220kV 普厅变针对全站失压事件进行现场应急演练，熟练掌握信息报送流程和现场处置方案，加快应急处置响应。

（7）配合按时完成观音岩直流输电工程配套交流送出工程，及早解决 220kV 普厅变为单一供电变电站的现状。

五、广东电网东莞供电局"4·11"500kV 横沥站 220kV 母线失压事件

（一）事件简述

2014 年 4 月 11 日，广东电网公司东莞供电局维护的 500kV 横沥站发生一起因 22036 母线刀闸合闸不到位，导致拉开 22035 刀闸时动静触头之间拉弧放电，引发母线三相接地短路，造成 4 个 220kV 变电站、13 个 110kV 变电站失压的电力安全事件。

（二）事件经过

根据工作计划安排，500kV 横沥变电站 4 月 11 日进行更换 220kV 横元甲线 5M 母线侧 25285 刀闸机构箱等工作。运行人员根据停电批复单于 07：10 进行 220kV 5M 母线由运行转检修，负荷转 6M 母线运行的操作任务。

07：44，执行操作任务第 22 项"拉开 3 号主变 220kV 5M 母线侧 22035 刀闸"时，220kV 5M、6M 母线差动保护动作（44 分 58 秒），跳开 5M、6M 母线，造成 5M、6M 失压。

07：44：58，3 号、2 号、1 号主变重瓦斯保护相继动作，分别跳开 3 号、2 号、1 号主变三侧开关（2203 开关已由母差跳开），造成 220kV 1M、2M 母线失压，35kV 1M、2M、3M 母线，1 号、3 号、0 号站用变失压。

横沥站 220kV 1M、2M、5M、6M 四段母线失压，造成 4 个 220kV 变电站、13 个 110kV 变电站失压。事件前东莞电网全网负荷 6395MW，故障后总负荷 5583MW，事件损失负荷 604MW，占东莞总负荷 9.44%；客户侧低压脱扣动作损失负荷 208MW。停电区域涉及东莞市东城区、茶山镇、东坑镇、横沥镇、企石镇、桥头镇、石龙镇、石排镇共 8 个镇街（东莞市下辖 33 个镇区），累计停电客户共 203850 户，占总用户

数 9.6%，其中，涉及广深铁路股份有限公司茶山牵引站（一级）和东莞市公安消防支队（二级）两个重要用户。

（三）事件原因

"4·11"事件发生后，南方电网公司成立了由安监、设备、系统运行部和广东电网公司组成的调查组。同时，广东电网公司也成立事件调查工作组，积极主动配合网公司调查组开展调查工作。事件调查组从操作过程、电网运行方式、风险评估与控制、设备质量和运行管理等方面，全面深入彻查事件原因。事件原因调查期间，广东电网公司也多次召开专题分析会，部署事件调查工作，分析事件原因和暴露问题，研究整改预防措施。同时，根据事件调查的进展，及时向南方电网公司、南方能源监管局汇报调查情况，听取上级单位对事件调查的意见和建议，确保了事件调查的顺利开展。

4月18~20日，南方电网公司组织国内 GIS 制造厂总工、网内检修技能人员等组成专家组，会同南方电网科学研究院和厂家技术人员，共同见证了 22036 刀闸开盖检查，并对事件原因开展了联合诊断分析。目前，事件调查已基本结束。

1. 直接原因

因 22036 刀闸机构内部部分元件锈蚀，传动系统阻力增大，导致合上 22036 刀闸后，刀闸实际触头未合到位，导电回路未接通，造成拉开 22035 刀闸倒母线时，发生带负荷拉刀闸，引起 22035 刀闸三相相继发生接地短路。

（1）22036 刀闸合闸不到位。采用录波器和两套母差保护录波数据计算，可得 3 号变变中 22036 刀闸在事件前和故障时通过的电流始终为 0kA。对 22036 刀闸进行开盖检查，手动慢合至分合闸指示牌与故障当天情况相同的位置，机构辅助开关已切换（后台、保护、五防均显示刀闸在合闸位置），但是三相动静触头均未接触。通过电流计算和开盖检查，证实事件发生时 22036 刀闸未合到位。

（2）22036 刀闸转动机构阻力增大。对 22036 刀闸机构箱及本体进行全面检查，发现刀闸机构箱盖生锈，内部部分元件锈蚀，特别是缓冲器活塞杆整体表面干涩且有较多划痕，活塞杆工装质量有问题，分闸状态下外露部分锈蚀有异物。选取与 22036 刀闸运行状况相近的（同期投运、同类型、超过 3 年未操作）四把刀闸机构箱进行开盖检查，发现油缓冲器活塞杆均有不同程度的锈蚀，其防尘胶圈老化，其他部分元件存在局部锈蚀。对 25295、22035、22036 刀闸的缓冲器的活塞杆材质进行光谱分析，发现其材质不相同，抗腐蚀性能有差别，22036 刀闸缓冲器活塞杆的抗腐蚀性能最差，且均与设计材质（06Cr19Ni10）不相符。

（3）通过解体分析及试验，专家组一致认为，在操作合上 22036 刀闸后，虽然后台显示为合闸状态，但动静触头实际未接触，即 22036 刀闸合闸不到位，造成带负荷拉 22035 刀闸。22036 合闸不到位原因是刀闸机构油缓冲器锈蚀卡涩，加之长时间未操作，使传动系统操作时阻力增大。

2．间接原因

当发生区外故障时，主变的穿越性电流产生电动力会引起主变绕组快速挤压和扩张，使得本体绝缘油涌动，油流经过瓦斯继电器并达到重瓦斯继电器动作定值时，重瓦斯继电器将动作。1 号、2 号、3 号主变瓦斯继电器为德国 EMB BC-80 型挡板型继电器，中相定值为 1.5m/s（13kA）。由三菱公司提供的计算报告显示，当变中区外故障穿越短路电流接近或达到13kA 时，变压器本体重瓦斯继电器仍存在动作的可能性。

在拉开 22035 刀闸前，操作人员通过检查刀闸机构箱位置指示牌、连杆摆向位置、汇控箱刀闸位置指示灯及监控系统信息，判断 22036 刀闸在合上位置的条件，满足现行规程、规范要求。事后检查监控回路、微机五防和电气五防完好，差动保护信息也反映事前 22036 刀闸已合闸。

（四）暴露问题

（1）故障设备制造质量不良。

刀闸机构箱防潮性能不良，刀闸机构箱顶盖及连接线槽均无密封胶圈封堵，导致机构箱内部刀闸传动部分锈蚀，同时，部分元件材质不满足设计要求，抗腐蚀性能较差，缓冲器与传动机构运行不协调，造成刀闸操作过程中阻力增大，影响了刀闸分合闸的可靠性。

设备制造工艺控制不严，22036 刀闸动静触头对中不良，也导致刀闸操作时摩擦力增大。

生产厂家提供给运行单位的使用说明书，对设备检修、维护的项目、标准不明确，不能有效指导现场检查、维护工作的开展。2008 年厂家制定了新的设备使用说明书，但未及时通知运行单位调整现场运行规程。

（2）缺乏检查 GIS 刀闸位置的可靠手段。

目前，倒闸操作中，刀闸及开关的位置主要通过检查自动化信息、刀闸位置指示牌等辅助手段来确认 GIS 刀闸的位置情况，这些信息都不能直观、完全反映刀闸的真实位置。如果操作刀闸过程中，刀闸连杆松动或机构卡涩，机构传动的行程发生变化或 GIS 刀闸内部机械特性出现变化时，可能会出现辅助接点或指示牌已到位，而开关刀闸的主触头并未合上的情况，容易引起误判。

（3）三菱主变抗区外故障能力差。

三菱壳式变压器采用薄绝缘、紧凑型设计，其抗区外短路电流产生的电动力引起的油流扰动能力差。由三菱公司提供的计算报告显示，当变中区外故障穿越短路电流达到 13kA 时，所产生的电动力会使变压器内部产生油流涌动，油流速度可达1.5m/s，变压器本体重瓦斯继电器存在动作的可能性。

（4）设备运行维护工作需进一步加强。

刀闸位置指示牌存在偏位。对横沥站共 112 把 220kV GIS 刀闸（地刀）中 106

把的机构箱指示牌进行检查，其中，机构箱位置指示牌指示有偏差的共 61 把（指示过位 26 把，指示欠位 35 把；合位指示偏位 27 把，分位指示偏位 34 把），偏差率 57.5%。设备验收时，运行人员的敏感性不足，工作作风不够严谨，没能意识到刀闸指示牌位置偏差会影响对刀闸实际位置的判断，从而进行及时整改。本次 22036 刀闸的指示牌就存在合闸后指示牌欠位的情况。

执行设备轮换制度不够严格。由于电网结构薄弱和考虑供电可靠性等因素，部分设备没有定期进行轮换运行，如 22036 刀闸上次操作时间是 2009 年 11 月 1 日。

（5）网架结构难以满足设备维护保养需要。

500kV 横沥站 220kV 母线带有多个 220kV 终端站，如果安排对 GIS 某些设备进行定期检修，需要停运一段母线甚至两段母线同停，将给该区域的供电带来较大影响。

（6）应急处置能力需进一步提高。

应急预案的启动条件、应急处置工作流程、各层级人员职责分工和到位标准仍需要进一步完善，电力安全应急预案与客户服务和新闻应急预案协同不够。

（五）防范及整改措施

（1）对同类 GIS 设备开展全面隐患排查，逐台对设备进行详细检查，制定针对性的整改措施并加以落实。

（2）根据电网短路电流不断增大的情况，制定主变选型要求，尽量避免采购抗短路电流差的设备。

（3）针对 GIS 刀闸等封闭设备，研究制定从外部观察刀闸触头位置、判断刀闸分合是否到位的措施，并将其纳入电气操作检查标准。

（4）深入研究三菱公司主变重瓦斯保护配置方案，制定 500kV 主变重瓦斯保护优化配置要求，防止三菱主变重瓦斯误动。

（5）完善设备验收标准，严把验收质量关；强化设备运行维护，创造条件落实设备轮换制度，确保设备健康运行。

（6）针对设备元件质量不良的情况，制定设备技术标准和要求，指导物资采购，把好设备采购关。

（7）加快电网建设，完善东莞地区网架结构，提高电网安全运行的可靠性，为设备停电检修创造有利条件。

（8）完善应急处置预案，优化应急处理流程，强化应急信息收集、报告，明确各方应急处置职责，使应急处置更加规范、有序、高效。

六、云南电网公司迪庆供电局建塘变电站"4·21"失压事件

事件简述：

2014 年 4 月 21 日，云南电网公司迪庆供电局 220kV 建香Ⅰ、Ⅱ回线、500kV

建太甲线因山火先后跳闸，造成 500kV 建塘变压站失压。事件未影响对外供电。

七、京能集团岱海电厂"4·22"全停事件

（一）事件简述

2014 年 4 月 22 日，500kV 海万一线因故障跳闸，造成内蒙古岱海发电有限责任公司全厂对外停电。

（二）事件经过

2014 年 4 月 22 日 03：33：04，国网冀北电科院按照工作安排在 500kV 万全变电站进行现场测试 500kV 海万双回线互感试验，需用程序控制器对海万一线 5013 断路器进行 A 相分合操作（时序：分－0.5s 合），03：33：04：702A 相断路器分闸，以 5013 断路器 A 相分开为 0 时刻，612ms 后 A 相合闸，合闸同时海万一线出现故障电流，故障电流持续 68ms，一次电流峰值为 33.2kA（二次值 13.28A），5013 三相跳开。海万一线 P544、L90 纵联电流差动保护动作，500kV 2 号母线母差保护 1、保护 2 动作，海万一线 5013 断路器、2 号主变 5023 断路器、丰万一线 5053 断路器、丰万二线 5043 断路器、500kV 2 号母线 52DK 断路器跳闸。

现场检查一次设备外观无异常，对 5013 断路器三相 SF$_6$ 气体用检气管做了检测，A 相异常，B、C 相正常。表明 A 相罐体内部 SF$_6$ 气体明显劣化。

现场调取保护动作信息，判断为 5013 断路器 A 相内部故障，线路保护、母线保护动作正确。

5013 断路器生产厂家为新东北电气（沈阳）高压开关有限公司，型号为 DLQ-LW56-550，于 2005 年 8 月 24 日投运，自投运以来共跳闸 14 次。

事件发生后，华北调度采取增加备用出力等措施，电力平衡未受到影响，电网运行正常。事件未造成减供负荷，未造成用户停电，仅造成岱海发电厂全厂对外停电，损失发电负荷 1.34MW。在华北调控中心调度下，万全变电站 04：14 拉开 5013 两侧刀闸；04：30，合上 5023 断路器，500kV 2 号母线恢复运行；04：46，5043、5053、52DK 断路器恢复运行；04：59，合上 5012 断路器，海万一线恢复运行。之后，岱海发现场机组陆续并网运行。

（三）事件原因

事件发生后，现场打开罐体手孔盖，发现罐体内部存在大量白色粉末，合闸电阻存在破损，其中一片合闸电阻片断裂成两半并跌落至罐体下部。运回工厂解体后，发现罐体底部散落着部分电阻碎片，其中的一串合闸电阻，37 片中 28 片电阻片已经碎裂，另一串电阻片完好；电阻断口动侧法兰有放电痕迹，电阻断口绝缘筒局部被熏黑；电阻对应罐体下方及屏蔽罩有放电痕迹；固定合闸电阻的机构室法兰部分断裂；串接电阻的绝缘杆被熏黑，擦拭后未发现放电痕迹；断裂的电阻片端面有烧蚀痕迹，裂口处被熏黑，短接铜板表面有烧蚀痕迹。说明 5013A 相断路器内部发生

故障。

分析断路器内部故障的原因如下：

（1）5013A 相断路器在合闸过程中，电阻刚投入时两端电压为 499kV（瞬时值），合闸电阻片对电阻断口动侧法兰边缘放电，部分电阻片被短接，通过其余电阻片电流在 5ms 时达到峰值 400A，电阻片爆裂，部分碎片落入罐体，在电阻投入 10ms 后发生对地故障。电阻片爆裂应力导致机构室法兰部分断裂。

（2）分析判断在断路器合闸之前，电阻片已经有碎裂移位的情况，从而导致与电阻断口动侧法兰边缘间电场畸变，造成放电。

（3）由于陶瓷电阻片制造质量分散性问题，个别电阻片存在机械性能缺陷。

（4）由于海万一线为紧凑型线路，故障跳闸相对频繁，5013 断路器 A 相自 2006 年投运以来，已发生 14 次故障跳闸，合闸电阻操作相对较多，加速暴露电阻片机械性的缺陷。

通过分析，判断本次故障为 5013 断路器 A 相内部故障，导致了 500kV 2 号母线和海万一线跳闸，进而导致岱海发电厂全停。

（四）防范及整改措施

（1）由于同型号的 LW56-550 型断路器在冀北电网已发生 2 次合闸电阻损坏的故障，近期将开展对万全站 2 台、浑源 2 台同型号带合闸电阻的开关进行开盖检查电阻片，以确认现运行设备内合闸电阻的状况，避免发生同类故障。

（2）针对此次故障，举一反三，对冀北运维的 14 台同型号 LW56-550 型断路器开展超声波局部放电、SF_6 气体组份分析等带电检测工作，加强设备状态评价，有效预防设备故障和缺陷的发生。

（3）督导新东北电气公司（断路器生产厂家）将故障相于 5 月 25 日前修复完毕，仍然作为备用相运抵万全变，以备应急之用。

（4）5013 断路器内部电阻片为英国摩根公司生产的陶瓷电阻，督促新东北电气公司与摩根公司研究电阻片的质量控制及检测措施，并提出电阻片的寿命评价方法。

（5）由于新东北电气公司生产的和 LW56-550 罐式断路器故障频发，尤其 LW12-550 断路器，新东北电气已不再生产，备件难以提供，维护检修费用高昂，近期组织对运行于万全、姜家营、浑源变电站的这些型号设备进行一次全面的状态评价，根据评价结果制定三至五年的改造规划，解决设备运行不稳定、严重影响电网安全的问题。

八、大唐南京电厂"5·15"跳闸事件

（一）事件简述

2014 年 5 月 15 日 21：28 左右，大唐南京发电厂 1 号、2 号机组发生跳闸事件，造成瞬时减少发电功率约 1100MW。

（二）事件经过

2014 年 5 月 15 日 21：27，大唐南京电厂 1 号机组负荷 569MW、2 号机组负荷 535MW，机组 AGC 投入运行，每台机组 5 台磨煤机运行，1 台磨煤机备用。2014 年 5 月 15 日 21：28：08，大唐南京发电厂两台机组零功率保护动作跳机。5 月 15 日 21：28：05：853，系统侧首先发生 B 相接地故障，30ms 后单相接地消失，120ms 之后衍变为三相短路，故障时间持续 450ms。21：28：06：303，故障消除，但系统经过两次故障冲击，再加上三相故障持续时间较长，机组调节系统发生波动，因功率突降，零功率切机保护启动，1 号机组于 21：28：08：961 跳机，2 号机组于 21：28：08：902 跳机。

系统故障时，发电机组各电气量变化较大，发电机单相电压最低 36V（二次测量值，下同）左右，高厂变电压跌至 62% 的额定电压，因厂变高压侧二次电压大幅降低，给煤机控制回路的电源监视继电器 1ZJ（经测试继电器返回电压在 69V 左右）失电返回，（根据标准《JB/T 3780—2002 普通中间继电器》中 5.5.2 条对继电器的返回值应不小于 5% 的额定值的规定，继电器动作行为正常）发给煤机停运信号，DCS 在接到 6 台给煤机全部停运的信号后，启动全燃料消失保护，触发锅炉 MFT。

事件造成 1 号、2 号机组停运，瞬时减少发电功率约 1100MW，未对省网造成影响。

（三）事件原因

1. 直接原因

5 月 15 日 21：28：05：853，电网侧发生 B 相接地故障，30ms 后单相接地消失，120ms 之后衍变为三相短路。300ms 后动作切除故障，整个故障切除时间为 450ms。故障消除时间长，致使机组调门发生波动，诱发零功率保护动作。

2. 间接原因

故障造成发电机机端二次相电压最低至 36V（额定电压的 62%）左右，厂变高压侧二次电压跌至额定电压的 62%，因电压过低，给煤机控制回路的电源监视继电器 1ZJ 失电返回，发给煤机停运信号。DCS 在接到 6 台给煤机全部停运的信号后，启动全燃料消失保护，触发锅炉 MFT。给煤机控制回路采用交流控制，控制电源电压偏低造成锅炉 MFT。

（四）防范及整改措施

通过制定给煤机控制回路电源设计标准、修订继电器适应电压变化的标准、制定防止变频器低压穿越的标准、制定零功率切机保护的标准，提高设备可靠性。

九、深圳宝安换流站"5·18"双极相继闭锁事件

（一）事件简述

2014 年 5 月 18 日，深圳宝安换流站运行人员在操作 500kV 2M 号母线由运行

状态转至热备用状态过程中，宝安站双极相继闭锁，退至备用状态，双极功率从1450MW降至0MW。初步判断原因为交流站控制程序异常，断路器逻辑程序有误，事件未影响对外供电。

（二）事件经过

00：57，按照总调调令，准备将500kV 2M号母线由运行状态转为热备用状态，需依次断开500kV 5023、5033、5043、5073、5062、5052开关，在断开500kV 5062开关时，兴安直流双极极控相继发外部保护跳闸信号，双极相继闭锁。双极直流功率由1450MW降为0MW。

00：57总调下令：将500kV 2M号母线由运行状态转为检修状态；将500kV第五串联络开关5052由冷备用转为检修；将500kV第六串联络开关5062由冷备用转为检修；将500kV第三大组交流滤波器开关5073由冷备用转为检修；退出500kV 5052、5062、5073开关保护。

01：32，在工作站依次断开5023、5033、5043、5073开关。

01：44，在工作站上断开500kV 5062开关时，5062开关为"不可选择"状态。查看运行规程，5062开关在站控中分闸连锁条件为：（5061∧5063）∨（5063∧=20BF2X/ALL_OFF）∨（5061∧（5062/LAST LINE ∨<blocked））（满足以下三个条件之一：①5061与5063都在合位；②5063在合位且第二大组交流滤波器均退出运行；③5061在合位且5062不是最后线路最后断路器或者双极为非解锁状态。本连锁条件中，由于5063开关未投入运行，故站控系统软件中设置5063的状态位与5062一致）。综合交流场设备状态进行判断后，认为5062开关满足分闸连锁条件。

01：50，值班负责人向站长申请解连锁断开5062开关，得到许可。随后，操作人员在3号继保室500kV第六串交流就地控制接口屏间隔控制单元（6MD66）就地操作仍然无法断开5062开关，01：53解连锁断开5062开关后，双极相继跳闸，并退至备用状态。

01：56，向总调汇报：宝安换流站在操作500kV 2M号母线由运行状态转热备用状态过程中，在断开5062开关时，兴安直流双极极控发外部保护跳闸信号后，双极相继跳闸。直流双极功率由1450MW降为0MW。站内天气为阴天。500kV 2M号母线停电操作暂停。

01：58，向站领导汇报双极跳闸情况。

02：02，通知驻站检修人员进行检查处理。

03：30，总调下令将500kV 2M号母线操作至冷备用状态；04：40，向总调复令已将500kV 2M号母线操作至冷备用状态。

05：20，向总调提交事故抢修申请票"500kV 2M号母线停电操作导致兴安直流双极闭锁故障检查及处理"。

05：25，检修人员办理紧急抢修单后，对双极极控进行外部跳闸回路检查并读取极控程序，未发现异常；对双极直流保护、换流变保护进行检查，保护未启动，未发现异常；对 500kV 5062、5051、5052、5071、5072 开关进行检查，均在分闸位置，设备运行参数正常，未发现异常；对交流站控屏程序进行检查时发现 5062 最后断路器逻辑有误，导致 5083、5023、5033、5043 断路器分开后，交流站控误判 5062 断路器分别为极 1、极 2 的最后断路器，当 5062 断路器断开后，系统启动最后断路器跳闸 ESOF 双极。

07：00，开始对交流场其余开关最后断路器逻辑进行梳理。

09：00，向总调说明故障原因为交流站控系统中 5062 开关作为极 1 和极 2 最后断路器逻辑错误，并向总调报兴安直流具备复电条件。

09：45，向总调报事故抢修票完工。

11：10，总调通知继续 500kV 2M 号母线停电操作。

11：50，与总调沟通中得知，初步安排 500kV 2M 号母线检修工作完成后，500kV 2M 号母线和兴安直流双极再复电。

13：00，500kV 2M 号母线相关一次设备操作完毕。总调许可 500kV 2M 号母线检修工作开工。

16：57，总调要求汇报 500kV 交流场其他开关极最后断路器逻辑的排查情况以及整改需要的安全措施。

23：16，向总调报 500kV 2M 号母线检修工作完工。

23：27—01：45，将 500kV 2M 号母线恢复正常运行方式。

02：08—02：59，兴安直流双极恢复送电。

（三）事件原因

1. 直接原因

交流站控最后断路器逻辑错误是造成本次兴安直流双极相继闭锁的直接原因。

（1）最后断路器跳闸功能介绍。

当运行中的逆变站与交流电网断开，若直流系统仍保持运行，直流功率将无法输送，将导致直流系统电压升高，最终导致设备损坏。最后断路器保护将防止这种情况的发生，当换流变压器与交流线路连接的最后一个断路器断开后，启动 ESOF 闭锁直流系统。宝安换流站"最后断路器"判断逻辑基于整个 500kV 交流场开关位置的状态，通过交流站控系统实现对"最后断路器"进行判别。

（2）5062 最后断路器逻辑分析。

宝安换流站交流站控采用 Simatic S5 115H 系列 PLC，其软件程序按照扫描周期，逐行循环执行。下面以 5062 判断为极 1 最后断路器逻辑说明事件的原因（5062 判断为极 2 最后断路器逻辑与极 1 一致）。

通过程序结构分析发现交流站控中对表示 5062 断路器为极 1 最后断路器的标志位（S815.3）存在重复写入的错误：

2．间接原因

现场无法实现交流站控最后断路器逻辑功能验证。目前站控软件逻辑验证试验缺乏技术手段，交流站控最后断路器逻辑的每种方式验证涉及的运行方式繁多，现场无法实现交流站控最后断路器逻辑功能的验证试验。

（四）暴露问题

（1）交流站控系统定检存在盲区。

根据《超高压输电公司高压直流专业工作管理规定》5.2.3 条，各运行维护单位负责对所辖直流设备软件的管理；当软件需修改时按照规定所需的流程进行方案编写与审核。由于本次暴露的错误逻辑自投产以来未进行改动，且投运至今缺少验证手段，导致未能及时发现该逻辑错误。

广州局按照《超高压输电公司安全生产一体化作业标准》对交流站控进行定检，定检内容包括外观及接线检查、软件备份、设备清扫、电源检查、后备电池检查、系统切换试验。但由于行业内尚无针对交流站控系统定检的规范，导致班组无法进一步深入开展工作。

（2）交流站控软件逻辑验证试验缺乏技术手段。交流站控最后断路器逻辑与交流场的运行方式密切相关，对每种方式进行验证涉及的运行方式繁多（整个交流场有 19 个开关间隔涉及到最后断路器逻辑，对应有 $2^{19}=524288$ 种不同的运行方式），故现场无法实现最后断路器逻辑功能的验证试验。

南网所有直流工程的 FPT（功能性能试验）和 DPT（动态性能试验）试验中尚未开展最后断路器逻辑验证试验，在宝安站直流现场调试期间仅开展了一次传动试验。并且网内（包括南网科研院和超高压检修试验中心）缺乏对交流站控最后断路器逻辑的仿真平台。

（五）防范及整改措施

（1）短期措施：

梳理宝安站所有交流场最后断路器逻辑，并提出整改措施。

完成情况：经梳理发现断路器逻辑均存在缺陷。已联系许继直流输电系统部（下文简称"许继"）确认，许继回复"由于第 6 串扩建前，交流场所有断路器（除第 6 串外）的最后断路器逻辑中未考虑第 6 串合环运行的工况"，结合已发现的 5061、5062 最后断路器逻辑缺陷情况判定所有最后断路器逻辑确实存在问题。5 月 25 日，对交流站控系统软件进行升级，由于安莞线退出运行，交流站控系统软件需要进一步修改。

（2）中期措施：

1）梳理其他各回直流最后断路器逻辑，查明是否存在类似缺陷，结合梳理情况制定整改措施和计划。6 月 30 日前完成。

2）全面梳理换流站设备操作，对于直流顺控操作按照运行规程和设备手册要求执行，对于已经试验和运行验证过的操作，编入运行规程作为后续例行操作执行。对未经验证的操作方式，包含不同组合顺序的操作，提出补充验证项目。在补充试验完成前，相关操作应先充分进行风险评估，制定防控措施后方可执行。

（3）长期措施：

1）按照《高压直流专业工作管理规定》要求开展直流系统软件的管理，安排专人做好软件版本控制、软件备份存储、软件修改现场实施等工作，并履行审批流程。

2）梳理受端站特有的逻辑功能，开展风险评估，结合停电检修开展传动等验证工作，作为今后运行维护工作的补充依据。

十、国家电网公司"6·1"青海 330kV 柴林Ⅰ线故障

（一）事件简述

2014 年 6 月 1 日，青海 330kV 柴林Ⅰ线（柴达木—那林格）故障跳闸，330kV 那林格变电站停电（由柴林Ⅰ线单线供电）。

（二）事件经过

6 月 1 日 20：10，接调度线路故障命令。20：20，省检修公司立即组织格尔木运维分部组织 12 名运维技术人员，分 4 组紧急赶往现场开展故障巡视，查找故障点。

根据故障测距数据，测算出故障区段在 5—7 号、22—39 号段内。故障巡视过程中，由于现场能见度极低，并伴有大风和沙尘天气，22：35，故障巡视人员才完成上述故障区段的巡视和检查，未发现异常，未查找出故障点。随即，向调度申请进行线路试送电。6 月 2 日 00：29，线路试送电成功，线路恢复供电。

6 月 2 日 07：15，格尔木运维分部组织 18 名运维技术人员再次赶往故障区段，并分 6 个登塔检查组对 5—39 号段铁塔逐基登塔检查。09：57，故障巡视人员对 006 号耐张塔进行检查时，发现该塔位 B 相（下相）跳线串导线侧悬垂线夹上有明显的放电烧伤痕迹，同时，对应的横担侧塔材有明显放电烧伤痕迹。

（三）事件原因

（1）330kV 柴林Ⅰ线 006 号塔地处沙漠边缘地带环境，线路沿线鸟类活动较少。线路巡视时，未发现该塔位及周边有鸟类活动迹象。同时经检查，故障塔位没有鸟类栖息，故障塔位塔材、绝缘子及金具等部位未发现鸟粪，故可排除因鸟害引发线路跳闸的可能性。

（2）查询雷电定位系统及现场走访，故障当天线路所处地区及周边无落雷现象，故可排除因雷击引发跳闸的可能性。

（3）结合故障点排查，巡视人员对该塔位本体及周边通道环境进行了全面检查，均未发现任何可引起线路故障的异物，由此可以排除因异物搭接引发线路跳闸的可能性。

（4）故障塔位 006 号塔周边无施工点，故可排除外力破坏等原因引发线路跳闸的可能性。

（5）经现场检查，在耐张绝缘子表面和引流串复合绝缘子表面均未发现闪络痕迹，且绝缘子表面积污较少，较为洁净，故可排除因污闪而引发线路跳闸的可能性。

（6）根据青海格尔木气象信息和现场走访情况，线路故障时格尔木周边及电力线路走廊内有 7 级左右大风和沙尘天气，并伴有旋风。

（7）综合考虑故障区段的地理环境特征、周边天气情况，结合闪络点痕迹等进行分析比较，排除线路发生雷击、风偏、覆冰、舞动、鸟害及外力破坏等引起的可能性，初步判断引起本次线路跳闸的原因为：6 月 1 日，330kV 柴林Ⅰ线线路走廊内刮起的 7 级左右大风导致 006 号塔周围形成局部旋风。旋风中伴有较多富含盐、碱类等高导电率化学物质的沙尘，使线路 B 相（下相）跳线串绝缘子附近空气绝缘间隙大大降低，在塔材与跳线金具两端形成放电通道，从而引起线路跳闸。因局部旋风持续存在，线路重合闸未成功。

（四）暴露问题

线路运维人员对所辖线路局部微气象掌握不足，对于旋风、沙尘等天气对线路造成的危害缺乏深刻认识，采取的防范措施针对性不强。

（五）防范及整改措施

（1）对 330kV 柴林Ⅰ线 B 相跳线绝缘子进行更换。

（2）根据格尔木周边天气变化情况，增加线路设备巡视力度，观察记录线路周边气象变化信息，完善线路微气象区段台账，掌握微气象变化规律。

十一、国家电网公司甘肃电网"6·18"失压事件

（一）事件简述

6 月 18 日，因强对流天气导致彩钢瓦搭挂电线，造成国家电网公司甘肃电线 110kV 嘉汉线、果汉线三相短路，330kV 嘉峪关变电站 110kV 控制、保护直流电源失电，110kV 侧母线失压，嘉峪关变电站所带 15 座 110kV 变电焊、5 座铁路牵引变、29 座 35kV 变电站、4 座光伏汇集站、1 座风电场失压。损失负荷 9.2 万 kW，停电用户 17.227 万户。

（二）事件经过

2014 年 6 月 18 日 16：00，嘉峪关、酒泉市出现强对流、雷暴雨天气，局部出现短时大风、龙卷风。16：19，大风卷起的彩钢瓦搭挂在国网甘肃省电力公司所属同杆架设的 110kV 嘉汉线（53 号、54 号）、果汉线（28 号、29 号）杆导线上，造成三相短路；330kV 嘉峪关变 110kV 控制、保护直流电源失电，110kV 嘉汉线、1100 母联开关失去保护，330kV1 号、2 号、3 号主变中压侧后备保护动作，110kV 侧开关跳闸，110kV I、II 母线失压。20：25，110kV 母线恢复供电；22：50，110kV 嘉汉线、果汉线完成故障抢修，恢复送电。

（三）事件原因

1. 直接原因

（1）龙卷风将 80m 外的彩钢板卷起，搭挂在同杆架设的 110kV 嘉汉线（53 号、54 号杆）、果汉线（28 号、29 号杆）之间导线上，造成线路 A、B 相间短路后转为三相短路故障。

2. 间接原因

330kV 嘉峪关变 110kV 直流电源因总空开内部故障跳闸，造成 110kV 直流系统失电，110kV 母联及所有出线开关保护装置失电、控制回路失电，在嘉汉线发生故障时，保护无法动作，越级导致 1、2、3 号主变中压侧后备保护动作，110kV I、II 母线失压。

（四）整改措施

（1）全面排查输电线路外破安全隐患。切实提高对当前输电线路防外破工作严峻性的认识，针对线路走廊附近建设彩钢建筑物等新型外破隐患情况，加大电力设施保护宣传，加强与政府部门的沟通协调，督促采取加固措施，防止在大风等恶劣天气情况下发生外破故障跳闸。

（2）开展直流系统专项隐患治理。依据防止变电站全停事故措施要求，在全省范围内开展一次直流系统安全隐患专项排查治理，重点解决直流系统小母线供电、环状供电、保护控制电源合用、存在寄生回路等不满足反措要求的隐患，并对嘉峪关变电站直流系统安全隐患实施治理。

（3）提高嘉峪关、酒泉地区供电可靠性。在金塔县域内增加 330 千伏变电站布点，优化金塔县电网结构；重要联络线增加备自投和负荷联切装置，提高供电可靠性。

十二、新疆生产建设兵团第八师石河子电网"7·9"较大电力安全事故

（一）事件简述

2014 年 7 月 9 日，新疆天山铝业有限公司（以下简称"天山铝业"）外委施工单位西安秦平电力科技有限公司施工人员违章作业，引起天山铝业自备电厂启备变 220kV 引线发生单项接地故障，由于铝厂变电站放电间隙未按设计调整被击穿造成事故扩大，最终导致新疆生产建设兵团第八师石河子电网发生较大电网停电事故，造成石河子电网事故共计损失负荷 2241MW，占事故前石河子电网负荷 2650MW 的 84.5%，直接经济损失 170 万元。

（二）事件经过

2014 年 4 月，西安秦平电力科技有限公司与天山铝业有限公司签订升压站带电喷涂硅橡胶作业合同。7 月 9 日早，工作负责人张×到升压站控制室办理升压站第 07004 号第二种工作票，工作内容为升压站 220kV 第四串 2 号启备变门形架瓷瓶喷涂防污闪粉料；08：40，工作许可人刘×下达许可开工指令；升压站派运行值班员王×现场监护。

12：08：56：400（以此故障发生时刻为相对时间的零时刻），施工用喷涂机的电源线被风刮到 2 号启备变 220kV 侧 C 相引线上，造成 220kV C 相接地，启备变差动保护正确动作，69ms 后故障切除。

12：08：56：400，天山铝业一号变电站 5 台整流变（1、2、3、5、6 号）和二号变电站 3 台整流变（2、3、4 号）及三号变电站 1 台整流变（3 号）因调压变中性点间隙保护，在 2 号启备变 220kV 侧 C 相引线单相接地故障发生的同时击穿，造成整流变高压侧速断保护动作，约 60ms 后断路器跳闸，甩负荷 600MW，安控装置动作，209ms 切除天铝电厂 1 号（205.1MW）、2 号（187.3MW）、3 号（234.8MW）机组共计 627MW。

调压变中性点间隙配置及安装不符合有关规定（设计保护间隙为 300mm，实际调整为 260—290mm），系统发生单相接地时被击穿，造成保护误动作，切除 9 台整流变。

12：08：56：510 在一号变电站其他 5 台整流变切除后，由于负荷转移，4 号整流变电流迅速增大（大于 1000A），速断保护正确动作，110ms 后切除 4 号整流变。损失负荷 300MW。

12：08：57：470 二号变电站另外 3 台（1、5、6 号）整流变因过流（1 号）或速断（5、6 号）保护正确动作跳闸，损失负荷 300MW。其中 1 号整流变为定时限过流保护动作，在 970ms 切除 1 号整流变；

5、6 号整流变情况相近，在 1 号整流变切除后，转移至 5、6 号的负荷导致其达到速断定值。最终，5 号整流变在 1040ms 后被切除，6 号整流变在 1050ms 后也切除。此时，安控装置切除天铝电厂 1—3 号机组，动作正确。

12：09：23：830，即 C 相接地故障切除后 27s，三号变电站其他 5 台整流变接收到稳控发出的跳闸令，5 台整流变被同时切除，又损失负荷 300MW。

12：09：06，石河子电网安控装置发出切机指令和玛东一、二线功率越限指令。第二次指令因与第一次切机指令在一整组时间内，装置未复归，石河子电网安控装置未能执行该次切机指令（因《DL 755—2001 电力系统稳定导则》中明确描述不考虑概率极低的多重故障，装置在程序设计过程中，为了尽可能完善概率极低严重故障下控制策略，经过仔细考虑后这种多重故障情况下在切除机组时按照多次切机量取大值处理，否则势必导致稳控策略比较复杂，也难保证各种情况下均能考虑周全，本次事故中母线故障后导致铝一厂负荷跳闸，稳控装置正确动作，继而发生铝二厂负荷跳闸为多重故障，稳控按导则未设防）。110kV 玛东一、二线上网功率突增（上网最大功率 439MW），并伴随低频振荡，玛电侧安控装置延时 10s 后正确动作解列

110kV 玛东一、二线玛侧断路器。

12：09—12：15，石河子电网孤网运行期间持续高周运行，并伴有高频振荡，5 台 300MW 级机组中天河电厂 1、2 号机组因达到机组高频保护定值机组跳闸；剩余 3 台机组中的南热电 3 号机组、合盛硅业电厂 1 号机组 OPC 动作后相继跳闸；石河子调度下令解列振荡的天山铝业电厂 4 号机组；安控切除部分工业负荷后，石河子电网仅剩 3 台 10 万 kV 级机组及部分小机组维持运行。

"7•9"石河子电网较大电力安全事故发生后，石河子电网安全自动装置及继电保护装置动作正确，调度机构调度人员正确判断、果断处理，立即启动电网事故应急处理预案，及时下令解列功率振荡机组（天山铝业电厂 4 号机组），保证了电网及时恢复。

电网具体恢复及应急处置情况如下：

12：08，石调调度自动化画面显示，天山铝业铝厂 1—3 号序列生产负荷由 1220MW 突降至 0MW，同时天山铝业电厂 1—4 号机合计总出力由 965MW 突降至 265MW；天河电厂 1 号、2 号机解列停机，110kV 玛东一、二线玛电侧解网，石河子电网网频率在 48Hz—52Hz 之间摆动。

12：08，南热电厂 3 号机负荷由 300MW 甩至 40MW，12：09，3 号机解列。

12：09，石调询问天山铝业网控室值班员得知，事故原因为升压站有人工作，造成 220kV 母线短路，铝厂甩负荷，电厂 1—3 号机跳机，具体情况不详，4 号机负荷在 25MW—260MW 之间摆动。调度下令尽快查明原因。

12：09，石调令南热电厂、西电 II 厂、东电 II 厂、西电 I 厂注意电网孤网运行下稳定负荷，南热电厂为主调频厂。

12：10，110kV 富鑫变报：稳控装置动作切除 110kV 晶硅 I 线（负荷 40MW）、35kV 晶硅 A 线、B 线、C 线、D 线（负荷 80MW）。12：40，上述线路均送电正常。

12：10，110kV 十户滩变报：稳控装置动作切除 110kV 户碳硅线（生产负荷 34MW），12：41，上述线路均送电正常。

12：11，石河子电网频率在 48.5Hz 至 49.5Hz 之间波动。

12：15—12：25，石调下令 220kV 光华变：110kV 华沙 II 线、华炮线、35kV 各出线停电转热备用；110kV 桃园变 10kV 各出线停电转热备；110kV 莫索湾变 35kV 149 线停电转热备用。12：45—12：50，以上变电站限电线路全部恢复送电正常。

12：45，天河电厂申请 1 号机并网。12：46，并网正常，通知各农站负荷恢复。13：47，2 号机并网正常，令负荷带满。

12：49，玛电侧 110kV 玛东线并网正常。

13：56，绿洲变报：稳控装置动作，切除 110kV 绿丰 I 线，35kV 合盛 A 线、合盛 E 线，13：58，上述线路恢复送电。

14：03，天山铝业电厂 2 号机并网正常。14：17，1 号机并网正常；16：32，4

号机并网正常；17：23，3号机并网正常。

15：06，合盛硅业自备电厂1号机并网正常。

15：32，由于天山铝业铝厂恢复生产负荷较快并且电解槽"来效应"，致使玛东线下网负荷越限，系统稳控装置动作，切除220kV绿洲变35kV合盛G线、A线（合计负荷44.9MW），同时稳控动作，切除110kV富鑫变35kV晶硅A、D线及110kV晶硅I线（总负荷35MW），切除110kV军垦变10kV华芳A、B线。15：40，以上所切线路均送电正常。

17：25，由于天山铝业铝厂电解槽"来效应"，致使玛东线下网负荷越限，系统稳控装置动作，切除220kV绿洲变35kV合盛G线（28.6MW）、D线（27.4MW）。17：29，恢复送电正常。

17：26，110kV富鑫变报：稳控切除110kV晶硅I线（23.5MW），17：29送电正常，并通知晶鑫硅业恢复全部生产。

17：36，通知鑫能天源、沙湾万特、豫丰光伏等企业恢复生产负荷。

（三）事件原因

（1）西安秦平电力科技有限公司施工管理不严，违章作业引起2号启备变引流线故障是本次事故的直接起因。

（2）天山铝业一期、二期、三期18台调压变压器中性点间隙多数调整不正确，故障时9个间隙被击穿（属于正确动作），整流变速断保护未能躲过区外故障，引起速断保护动作出口，是造成事故扩大主要原因。

（3）地区电网网架不合理，小电网、大机组、大负荷，与新疆主网联系薄弱。天山铝业自备电厂发生故障后甩负荷，导致110kV玛石东一、二线传输功率由下网功率64MW突变至上网超过100MW（上网最大功率439MW），造成玛纳斯电厂安控装置8-1-2策略动作（110kV玛东双线功率反向越限），延时10s后解列110千伏玛东一、二线玛侧断路器，是造成事故再次扩大的重要原因。

（4）电力调度机构对电源尤其是自备电厂的二次系统管理不到位，安全自动装置和调速系统中OPC等逻辑设置和配合关系存在诸多问题。电厂高低频保护定值（如天河电厂高频保护51.5Hz，低于OPC定值52.9Hz）等涉网保护须由调度统一审核管理。但南热、西热、合盛、天铝等大容量机组电厂OPC定值未按调度要求整定，机组超速保护（OPC）频繁动作、第二次切机命令稳控装置未执行，机组因达到高频保护定值跳闸，是电网事故再次扩大又一重要的原因。

（四）暴露问题

（1）西安秦平电力科技有限公司现场施工方案报送了天山铝业输变电事业部有关负责人，但未见同意执行的有关批准意见，现场施工人员不了解施工组织技术方案，保障安全的组织措施流于形式。现场施工人员违反登高作业有关规程要求，未将从门形架上悬垂下来的低压电源引线采取固定措施，导致导线随风飘移引发事故。

（2）天山铝业有限公司安全管理制度不健全，对外委施工单位安全管理不到位，安全教育和培训工作不到位，未签订专项安全生产管理协议，未组织制定施工组织方案，未严格执行"两票三制"的相关管理规定及监护人员不合格等诸多安全管理问题。同时专业技术管理人员缺失，设备日常管理水平低，运行管理缺乏专业性，在安全管理方面也较为薄弱。

（3）新疆天富电力（集团）有限公司电网管理力度不够，部分调度命令执行不到位，发电厂涉网设备技术监督安全管理不到位。

（4）新疆天富电力（集团）有限公司调度机构建设滞后，已不能满足电网发展的需求。

（5）石河子电网与新疆主电网仅通过 110kV 等级玛东一、二线联络，为弱连接，同时传输功率受限，在石河子电网事故最需要支援时却被解列，加大了石河子电网孤网运行的几率和风险。

（6）稳控装置出口逻辑与策略不匹配。天山铝业安控装置动作切除天山铝业电厂 1—3 号机组（出力约 600MW）后 1s，天山铝业二期另外 3 台整流变过流（或速断）保护动作跳闸，损失负荷 300MW。石河子电网安控装置发出切机指令，但却因该次指令与第一次切机指令在一整组复归时间内，石河子电网安控装置没有执行该次切机指令，造成 110kV 玛东一、二线上网功率突增。

（7）石河子电网孤网运行期间持续高频中天河电厂 1—2 号机组因达到机组高频保护定值 51.5Hz 延时 1s 跳闸，低于 OPC 定值 52.9Hz。并直接造成了两台机失去后系统频率降低而采取的低频切负荷被动措施。南热、西热、合盛、天铝等大容量机组电厂 OPC 定值未按调度要求整定，这次事故扩大与稳控装置动作后多台发电机组调速系统 OPC 反复动作引起的功率振荡有直接关系。

（五）防范及整改措施

（1）西安秦平电力科技有限公司应加强电力施工的安全管理工作，尤其要加强电力工程的现场安全管理工作，定期组织人员进行安全教育培训，认真分析现场施工安全风险，严格执行"两票三制"，制定符合现场安全需要的施工方案，确保现场施工安全可控、能控和在控。

（2）天山铝业公司应加强外委施工单位的全过程安全管理工作，尤其要严格执行"两票三制"，抓好反习惯性违章，把现场施工安全管理"三措一案"真正落实到实处，加强现场安全监护。严格按设计调整调压变放电间隙，重新对继电保护定值保护进行核查，优化继电保护配置，防止发生区外故障引起继电保护误动。

（3）新疆天富电力（集团）有限公司与南京南瑞继保电气有限公司协调，针对本次事故暴露出安全自动装置稳控问题，结合石河子小电网、大电源、负荷集中及与主电网弱联的实际情况，从技术方面优化稳控策略，防止类似电网事故的再次发生。

（4）新疆天富电力（集团）有限公司调度机构认真做好并网电厂的涉网设备技术监督工作，特别是对涉网安全自动装置、继电保护及试验的准入管理，督促电厂解决发现的问题，对不能满足电网安全运行要求、不能严格执行调度命令、存在重大安全隐患的电厂，应坚决不允许并网运行。

（5）新疆天富电力（集团）有限公司调度机构加强对并网电厂的专业管理和技术培训，积极与并网电厂联系，主动做好对并网电厂的技术指导和宣传，服务工作。

（6）新疆天富电力（集团）有限公司调度机构应定期全面核查现场装置，尤其是并网电厂涉网继电保护及安全自动装置中的实际整定值与调度机构下达的定值单是否一致。加强网源协调管理工作，要求电厂完成发电机及励磁系统建模、电力系统稳定器（PSS）投运、调速系统建模、机组一次调频、发电机进相等试验，报告要经权威单位审核通过，新建电厂转商业化运营前必须完成试验。调度应尽快完善AGC 和 AVC 系统，各电厂配合安装投运。

（7）地方电网与新疆主电网协调解决好弱联问题，实现强联降低发生电网大面积停电的风险。地方电网从电网规划和建设出发，首先要实现与新疆主电网强联，从根本上去掉弱联。其次是针对可能出现孤网稳定问题，配置有效的安全自动装置。最终要研究孤网运行情况下局部弱联诱发电网发生区域强迫振荡的几率，优化电网稳控策略，修订应急处置预案，及时调整地区电源和负荷平衡，减少电网安全运行带来严重影响。

（8）强化电网继电保护及安全自动装置的专业化管理，定期开展电网安全风险评估工作。此次发生的多起连锁故障导致的大面积停电事故的分析表明，保护误动、安全自动装置拒动以及大负荷转移过程中引发的保护连锁动作，是最终导致电网大面积停电事故的主要原因之一。因此，电网管理企业必须落实国家能源局《关于加强电力安全工作防范电网大面积停电的意见》，继续深化隐患排查治理工作，深入开展电网安全风险评估工作，从风险识别、风险分级、风险监控等各个环节，逐步建立健全电网风险全过程闭环管控常态机制，确保继电保护及安全自动装置系统处于完好的状态，保证继电保护、安全自动装置动作的正确可靠是一个非常重要任务。认真研究电网存在安全风险，全面排查隐患，对电网中存在继电保护、安全自动装置隐性故障的连锁故障风险评估进行了详细探讨，预防和阻止连锁故障的发生，维持电力系统的安全稳定运行，电网安全管理和风险防范水平得到全面提升。

十三、神华国能（神东电力）集团府谷电厂"7·29"全厂失电事件

（一）事件简述

2014 年 7 月 29 日 20：52，神华国能（神东电力）集团府谷电厂（总装机 2×600MW），因出现府忻 II 线发生 A 相接地故障，差动保护动作，导致府谷电厂 1 号、2 号机组停运，府谷电厂全厂停电。

（二）事件经过

500kV 升压站正常方式运行，府忻 II 线送出负荷 1098MW；1 号、2 号机组负荷分别为 600MW、601MW，1 号、2 号机组各参数正常，厂用电由工作电源供电，保安 400V PC 段由工作电源供电，市电及柴油发电机联动备用。

7 月 29 日 20：55，府忻 II 线 A 相接地，府忻 II 线 A 相差动保护动作，线路故障；府谷电厂 1、2 号机切机，机组安全停运，府忻 II 线故障测距显示故障点距电厂 65.2km，机组停运后检查两台机设备无异常，按国调令恢复线路供电，1、2 号机组分别于 07：40、09：16 与系统并列。

（三）防范及整改措施

持续加强生产系统人员岗位培训，掌握设备性能和特点，提高人员技能水平。认真学习并贯彻落实二十五项反措，加强事故演练，进一步提高生产人员防范和应对事故的能力。

十四、甘肃兰州电网"8·15"线路跳闸事件

（一）事件简述

2014 年 8 月 15 日，甘肃兰州电网同杆架设的 300kV 定东一、二线 70 号铁塔因山体滑坡造成倒塔，线路跳闸，导致一级重要用户兰州石化炼油厂全厂停电，影响负荷约 17.8 万 kW

（二）事件经过

8 月 15 日 23：14，位于甘肃省榆中县小康营乡洪亮营村一山体因中铁十四局承担的宝兰铁路客运专线施工中隧道大面积塌方，造成山体崩塌，导致位于山体上的国网甘肃电力公司 330kV 定东一、二线 70 号铁塔（同塔双回）倾倒，330kV 东定一、二线故障跳闸，因线路为联络线，未造成供电负荷损失。故障发生后，国网甘肃省电力公司高度重视，立即启动事故应急预案，对 750kV 兰州东变和 330kV 定西变电站变电设备进行全面检查，确保变电站内设备正常。同时对 69 号、71 号铁塔进行临时锚固处置。因 70 号铁塔损坏变形严重，且处在滑坡体上，不具备架设临时线路进行原地恢复的条件，为此设计将线路向南绕行，避开山体塌方地段，重新浇筑基础 2 基，新组立铁塔 2 基，架设 2 档 1069m 导地线，9 月 6 日完成整体抢修恢复工作。

（三）事件原因

330kV 定东一、二线 70 号、71 号线路防护区内、线路下方中铁十四局新建宝兰客运专线隧道，隧道挖掘过程中因山体崩塌，造成铁塔倾倒。

（四）防范及整改措施

（1）对全省城市建设、铁路公路开挖、削山造地等外部环境引起的输电线路基础失稳、山体滑坡等风险隐患开展专项排查，整理汇总后向省政府有关部门进行专题汇报，积极争取地方政府有关部门的支持，政企联合共同做好电力设施保护及隐患治理，同时加强设备巡视，确保电网安全运行。

（2）对于基础自然环境条件超出设计标准的地段应制定相应的事故预防措施。在今后线路改造和新建线路时，对位于特殊地段新建、改造线路，应提高设计标准以满足特殊环境和气象要求。

（3）对于线路通道内有施工作业活动的区段，制定切实可行的电力设施保护宣传策略，加大宣传、宣教力度。

十五、海南儋州供电局"9·24"220kV炼三线跳闸事件

（一）事件简述

2014年9月24日15：55，海南电网公司儋州供电局220kV炼三线纵联距离、纵联零序方向保护永久出口跳闸，造成用户产权的220kV炼化站失压12min，损失负荷78MW，损失负荷比例33.5%。

（二）事件经过

9月24日09：05，中调下令炼化厂、洋浦电厂操作将220kV洋炼线由运行状态转为检修状态。

09：25，炼化厂更换避雷器接地引线、进线构架防腐、GIS进线套管清扫等三项检修工作开工。

10：09，洋浦电厂220kV洋炼线保护B屏联调工作开工。

13：20，中调收到洋浦电厂临时增加线路避雷器消缺工作申请，220kV洋炼线停运时长需要延期。13：25，中调同意延期申请，并发布了风险延期通知，以短信形式将风险延期通知发至有关单位人员（洋浦电厂：龚××、马××；海南炼化厂：宋×、周×、高×；金海浆纸厂：董××；儋州供电局：梁××、方××、陈××、吴××）。短信内容为："原定于今日14：00前完成的220kV洋炼线检修工作，因洋浦电厂侧线路避雷器存在缺陷需处理，现办理停电延期至今天下午18：00，故《关于9月24日8：00—14：00 220kV洋炼线临时停电期间的海南电网安全风险通报（蓝色IV级2014年第045号）》有效时间相应推迟至24日18：00，请各相关单位继续做好风险防控工作，给您带来的不便敬请谅解，谢谢。"9月24日14：28，金海浆纸厂发电处主管董××收到延期短信后，电话向中调方式科祁××询问220kV洋炼线延期原因及金海恢复并网时间，祁××将延期原因告知董××，并请继续做好风险防控工作。

14：44，炼化站侧三项计划工作结束。

15：55，220kV炼三线故障跳闸，重合不成功，220kV炼化站失压。故障发生后，中调当值调度员立即通知儋州地调安排人员带电巡线，通知炼化站、220kV三都站对站内设备检查并做好220k炼三线复电准备。

16：05，中调从三都站强送 220kV 炼三线成功；16：07，炼化站合上 220kV 炼三线炼化站侧开关，恢复 220kV 炼化站送电。炼化站失压时间为 12 分钟。

16：42，洋浦电厂全部工作结束。

17：04，220kV 洋炼线由检修状态转为运行状态。

（三）事件原因

1. 直接原因

在 220kV 洋炼线检修、炼三线单电源为海南炼化供电期间，金海浆纸码头输送基础工程承包商在金海浆纸厂区内的 220kV 金海浆纸线（T 接在 220kV 炼三线 11 号塔）下违规施工，泵车举臂触碰到 220kV 金海浆纸线（T 接在 220kV 炼三线 11 号塔）4—5 号塔之间的 C 相导线。

2. 间接原因

金海浆纸在接到海南电网公司对 220kV 洋炼线进行检修，海南炼化仅由 220kV 炼三线单电源供电的通知后，未向工程总承包商、分包商、施工方及作业人员传达。

（四）暴露问题

（1）金海浆纸码头输送机基础土建施工方在高压线带电情况下，未经电力部门批准，违规安排施工。

（2）金海浆纸对厂区内施工作业未采取安全防范措施，对员工及外来施工人员安全生产培训不到位。

（3）金海浆纸线路巡检部门及当值人员安全意识淡薄，巡检工作不到位。

（4）施工方（洋浦高强混凝土有限公司）安全意识淡薄，安全培训不到位。

（5）儋州供电局对客户产权（金海浆纸厂）的设备风险防范措施监管不到位。

（五）防范及整改措施

（1）督促用户（金海浆纸厂）对其产权的设备、线路进行维护、检查、定期试验。

（2）切实落实电网风险预警通知单所列的各项预控措施，特别要加强客户产权的设备风险防范措施的安全监管力度，对客户侧的预控措施落实情况进行闭环管理。

十六、甘肃电网 750kV 武胜变武永双回线"10·19"跳闸事件

（一）事件简述

2014 年 10 月 19 日，甘肃电网 750kV 武胜变武永双回线故障跳闸，造成 330kV 永登变全部失压，损失负荷 17.8 万 kW。

（二）事件经过

10 月 19 日 03：59，国网甘肃电力公司 330kV 永登变永武一线 11 号塔发生异物短路 A 相接地故障，永武一线 330kV 永登变侧保护因 3320 断路器智能合并单元"装置检修"压板投入，线路双套保护闭锁，永登变 1 号、3 号主变高压侧后备保护动作，跳开三侧开关，750kV 武胜侧武永二线零序 II 段保护动作切除故障，造成 330kV 永登变电站失压。05：35，通过 110kV 永华一线恢复永登变 110kV 甲母运行，06：50，永登变所有损失负荷全部恢复；11：43，非故障停运设备恢复运行。23：30，故障的 330kV 永武一线恢复运行。

（三）事件原因

1. 直接原因

330kV 永武一线 11 号塔 A 相异物短路接地。

2. 扩大原因

永登变 3320 合并单元"装置检修"压板投入，未将永武一线两套保护装置中"开关 SV 接收"软压板退出，造成永武一线两套装置保护闭锁，造成本次故障扩大。

（四）整改措施

（1）全面排查输电线路外破安全隐患。切实提高对当前输电线路防外破工作严峻性的认识，针对线路走廊附近彩钢建筑物、塑料大棚等外破隐患情况，加大电力设施保护宣传，加强与政府部门的沟通协调，督促采取加固措施，防止在大风等恶劣天气情况下发生外破故障跳闸。

（2）开展专项核查。在全公司系统范围内，组织开展智能变电站继电保护及相关设备压板投退情况和告警信息核查工作，重点针对在建、已投智能变电站的软压板投退情况进行全面排查，掌握软压板投退情况，核对软压板投退的正确性，根除压板投退不当隐患。

（3）强化智能设备技术培训。项目管理部门在智能设备出厂联调试验期间，选派相关技术人员参与设备联调实训。加快建设智能站二次系统联调联试实训场所，加强对智能站设备原理、性能及异常处置等专题培训，确保专业人员全面掌握各厂家智能化设备的功能逻辑、各类信息含义。

附　　录

附录一

中华人民共和国国务院令

第 493 号

《生产安全事故报告和调查处理条例》已经 2007 年 3 月 28 日国务院第 172 次常务会议通过，现予公布，自 2007 年 6 月 1 日起施行。

总理　温家宝

二〇〇七年四月九日

生产安全事故报告和调查处理条例

第一章　总　　则

第一条　为了规范生产安全事故的报告和调查处理，落实生产安全事故责任追究制度，防止和减少生产安全事故，根据《中华人民共和国安全生产法》和有关法律，制定本条例。

第二条　生产经营活动中发生的造成人身伤亡或者直接经济损失的生产安全事故的报告和调查处理，适用本条例；环境污染事故、核设施事故、国防科研生产事故的报告和调查处理不适用本条例。

第三条　根据生产安全事故（以下简称事故）造成的人员伤亡或者直接经济损失，事故一般分为以下等级：

（一）特别重大事故，是指造成 30 人以上死亡，或者 100 人以上重伤（包括急性工业中毒，下同），或者 1 亿元以上直接经济损失的事故；

（二）重大事故，是指造成 10 人以上 30 人以下死亡，或者 50 人以上 100 人以下重伤，或者 5000 万元以上 1 亿元以下直接经济损失的事故；

（三）较大事故，是指造成 3 人以上 10 人以下死亡，或者 10 人以上 50 人以下重伤，或者 1000 万元以上 5000 万元以下直接经济损失的事故；

（四）一般事故，是指造成 3 人以下死亡，或者 10 人以下重伤，或者 1000 万元以下直接经济损失的事故。

国务院安全生产监督管理部门可以会同国务院有关部门，制定事故等级划分的补充性规定。

本条第一款所称的"以上"包括本数，所称的"以下"不包括本数。

第四条　事故报告应当及时、准确、完整，任何单位和个人对事故不得迟报、漏报、谎报或者瞒报。

事故调查处理应当坚持实事求是、尊重科学的原则，及时、准确地查清事故经过、事故原因和事故损失，查明事故性质，认定事故责任，总结事故教训，提出整改措施，并对事故责任者依法追究责任。

第五条　县级以上人民政府应当依照本条例的规定，严格履行职责，及时、准确地完成事故调查处理工作。

事故发生地有关地方人民政府应当支持、配合上级人民政府或者有关部门的事故调查处理工作，并提供必要的便利条件。

参加事故调查处理的部门和单位应当互相配合，提高事故调查处理工作的效率。

第六条　工会依法参加事故调查处理，有权向有关部门提出处理意见。

第七条　任何单位和个人不得阻挠和干涉对事故的报告和依法调查处理。

第八条　对事故报告和调查处理中的违法行为，任何单位和个人有权向安全生产监督管理部门、监察机关或者其他有关部门举报，接到举报的部门应当依法及时处理。

第二章　事　故　报　告

第九条　事故发生后，事故现场有关人员应当立即向本单位负责人报告；单位负责人接到报告后，应当于 1 小时内向事故发生地县级以上人民政府安全生产监督管理部门和负有安全生产监督管理职责的有关部门报告。

情况紧急时，事故现场有关人员可以直接向事故发生地县级以上人民政府安全生产监督管理部门和负有安全生产监督管理职责的有关部门报告。

第十条　安全生产监督管理部门和负有安全生产监督管理职责的有关部门接到事故报告后，应当依照下列规定上报事故情况，并通知公安机关、劳动保障行政部门、工会和人民检察院：

（一）特别重大事故、重大事故逐级上报至国务院安全生产监督管理部门和负有安全生产监督管理职责的有关部门；

（二）较大事故逐级上报至省、自治区、直辖市人民政府安全生产监督管理部门和负有安全生产监督管理职责的有关部门；

（三）一般事故上报至设区的市级人民政府安全生产监督管理部门和负有安全

生产监督管理职责的有关部门。

安全生产监督管理部门和负有安全生产监督管理职责的有关部门依照前款规定上报事故情况，应当同时报告本级人民政府。国务院安全生产监督管理部门和负有安全生产监督管理职责的有关部门以及省级人民政府接到发生特别重大事故、重大事故的报告后，应当立即报告国务院。

必要时，安全生产监督管理部门和负有安全生产监督管理职责的有关部门可以越级上报事故情况。

第十一条　安全生产监督管理部门和负有安全生产监督管理职责的有关部门逐级上报事故情况，每级上报的时间不得超过 2 小时。

第十二条　报告事故应当包括下列内容：

（一）事故发生单位概况；

（二）事故发生的时间、地点以及事故现场情况；

（三）事故的简要经过；

（四）事故已经造成或者可能造成的伤亡人数（包括下落不明的人数）和初步估计的直接经济损失；

（五）已经采取的措施；

（六）其他应当报告的情况。

第十三条　事故报告后出现新情况的，应当及时补报。

自事故发生之日起 30 日内，事故造成的伤亡人数发生变化的，应当及时补报。道路交通事故、火灾事故自发生之日起 7 日内，事故造成的伤亡人数发生变化的，应当及时补报。

第十四条　事故发生单位负责人接到事故报告后，应当立即启动事故相应应急预案，或者采取有效措施，组织抢救，防止事故扩大，减少人员伤亡和财产损失。

第十五条　事故发生地有关地方人民政府、安全生产监督管理部门和负有安全生产监督管理职责的有关部门接到事故报告后，其负责人应当立即赶赴事故现场，组织事故救援。

第十六条　事故发生后，有关单位和人员应当妥善保护事故现场以及相关证据，任何单位和个人不得破坏事故现场、毁灭相关证据。

因抢救人员、防止事故扩大以及疏通交通等原因，需要移动事故现场物件的，应当做出标志，绘制现场简图并做出书面记录，妥善保存现场重要痕迹、物证。

第十七条　事故发生地公安机关根据事故的情况，对涉嫌犯罪的，应当依法立案侦查，采取强制措施和侦查措施。犯罪嫌疑人逃匿的，公安机关应当迅速追捕归案。

第十八条　安全生产监督管理部门和负有安全生产监督管理职责的有关部门应当建立值班制度，并向社会公布值班电话，受理事故报告和举报。

第三章　事　故　调　查

第十九条　特别重大事故由国务院或者国务院授权有关部门组织事故调查组进行调查。

重大事故、较大事故、一般事故分别由事故发生地省级人民政府、设区的市级人民政府、县级人民政府负责调查。省级人民政府、设区的市级人民政府、县级人民政府可以直接组织事故调查组进行调查，也可以授权或者委托有关部门组织事故调查组进行调查。

未造成人员伤亡的一般事故，县级人民政府也可以委托事故发生单位组织事故调查组进行调查。

第二十条　上级人民政府认为必要时，可以调查由下级人民政府负责调查的事故。

自事故发生之日起 30 日内（道路交通事故、火灾事故自发生之日起 7 日内），因事故伤亡人数变化导致事故等级发生变化，依照本条例规定应当由上级人民政府负责调查的，上级人民政府可以另行组织事故调查组进行调查。

第二十一条　特别重大事故以下等级事故，事故发生地与事故发生单位不在同一个县级以上行政区域的，由事故发生地人民政府负责调查，事故发生单位所在地人民政府应当派人参加。

第二十二条　事故调查组的组成应当遵循精简、效能的原则。

根据事故的具体情况，事故调查组由有关人民政府、安全生产监督管理部门、负有安全生产监督管理职责的有关部门、监察机关、公安机关以及工会派人组成，并应当邀请人民检察院派人参加。

事故调查组可以聘请有关专家参与调查。

第二十三条　事故调查组成员应当具有事故调查所需要的知识和专长，并与所调查的事故没有直接利害关系。

第二十四条　事故调查组组长由负责事故调查的人民政府指定。事故调查组组长主持事故调查组的工作。

第二十五条　事故调查组履行下列职责：

（一）查明事故发生的经过、原因、人员伤亡情况及直接经济损失；

（二）认定事故的性质和事故责任；

（三）提出对事故责任者的处理建议；

（四）总结事故教训，提出防范和整改措施；

（五）提交事故调查报告。

第二十六条　事故调查组有权向有关单位和个人了解与事故有关的情况，并要求其提供相关文件、资料，有关单位和个人不得拒绝。

事故发生单位的负责人和有关人员在事故调查期间不得擅离职守，并应当随时接受事故调查组的询问，如实提供有关情况。

事故调查中发现涉嫌犯罪的，事故调查组应当及时将有关材料或者其复印件移交司法机关处理。

第二十七条 事故调查中需要进行技术鉴定的，事故调查组应当委托具有国家规定资质的单位进行技术鉴定。必要时，事故调查组可以直接组织专家进行技术鉴定。技术鉴定所需时间不计入事故调查期限。

第二十八条 事故调查组成员在事故调查工作中应当诚信公正、恪尽职守，遵守事故调查组的纪律，保守事故调查的秘密。

未经事故调查组组长允许，事故调查组成员不得擅自发布有关事故的信息。

第二十九条 事故调查组应当自事故发生之日起60日内提交事故调查报告；特殊情况下，经负责事故调查的人民政府批准，提交事故调查报告的期限可以适当延长，但延长的期限最长不超过60日。

第三十条 事故调查报告应当包括下列内容：

（一）事故发生单位概况；

（二）事故发生经过和事故救援情况；

（三）事故造成的人员伤亡和直接经济损失；

（四）事故发生的原因和事故性质；

（五）事故责任的认定以及对事故责任者的处理建议；

（六）事故防范和整改措施。

事故调查报告应当附具有关证据材料。事故调查组成员应当在事故调查报告上签名。

第三十一条 事故调查报告报送负责事故调查的人民政府后，事故调查工作即告结束。事故调查的有关资料应当归档保存。

第四章　事　故　处　理

第三十二条 重大事故、较大事故、一般事故，负责事故调查的人民政府应当自收到事故调查报告之日起15日内做出批复；特别重大事故，30日内做出批复，特殊情况下，批复时间可以适当延长，但延长的时间最长不超过30日。

有关机关应当按照人民政府的批复，依照法律、行政法规规定的权限和程序，对事故发生单位和有关人员进行行政处罚，对负有事故责任的国家工作人员进行处分。

事故发生单位应当按照负责事故调查的人民政府的批复，对本单位负有事故责任的人员进行处理。

负有事故责任的人员涉嫌犯罪的，依法追究刑事责任。

第三十三条 事故发生单位应当认真吸取事故教训，落实防范和整改措施，防止事故再次发生。防范和整改措施的落实情况应当接受工会和职工的监督。

安全生产监督管理部门和负有安全生产监督管理职责的有关部门应当对事故发生单位落实防范和整改措施的情况进行监督检查。

第三十四条　事故处理的情况由负责事故调查的人民政府或者其授权的有关部门、机构向社会公布，依法应当保密的除外。

第五章　法　律　责　任

第三十五条　事故发生单位主要负责人有下列行为之一的，处上一年年收入40%至 80%的罚款；属于国家工作人员的，并依法给予处分；构成犯罪的，依法追究刑事责任：

（一）不立即组织事故抢救的；

（二）迟报或者漏报事故的；

（三）在事故调查处理期间擅离职守的。

第三十六条　事故发生单位及其有关人员有下列行为之一的，对事故发生单位处 100 万元以上 500 万元以下的罚款；对主要负责人、直接负责的主管人员和其他直接责任人员处上一年年收入 60%至 100%的罚款；属于国家工作人员的，并依法给予处分；构成违反治安管理行为的，由公安机关依法给予治安管理处罚；构成犯罪的，依法追究刑事责任：

（一）谎报或者瞒报事故的；

（二）伪造或者故意破坏事故现场的；

（三）转移、隐匿资金、财产，或者销毁有关证据、资料的；

（四）拒绝接受调查或者拒绝提供有关情况和资料的；

（五）在事故调查中作伪证或者指使他人作伪证的；

（六）事故发生后逃匿的。

第三十七条　事故发生单位对事故发生负有责任的，依照下列规定处以罚款：

（一）发生一般事故的，处 10 万元以上 20 万元以下的罚款；

（二）发生较大事故的，处 20 万元以上 50 万元以下的罚款；

（三）发生重大事故的，处 50 万元以上 200 万元以下的罚款；

（四）发生特别重大事故的，处 200 万元以上 500 万元以下的罚款。

第三十八条　事故发生单位主要负责人未依法履行安全生产管理职责，导致事故发生的，依照下列规定处以罚款；属于国家工作人员的，并依法给予处分；构成犯罪的，依法追究刑事责任：

（一）发生一般事故的，处上一年年收入 30%的罚款；

（二）发生较大事故的，处上一年年收入 40%的罚款；

（三）发生重大事故的，处上一年年收入 60%的罚款；

（四）发生特别重大事故的，处上一年年收入 80%的罚款。

第三十九条　有关地方人民政府、安全生产监督管理部门和负有安全生产监督管理职责的有关部门有下列行为之一的，对直接负责的主管人员和其他直接责任人员依法给予处分；构成犯罪的，依法追究刑事责任：

（一）不立即组织事故抢救的；

（二）迟报、漏报、谎报或者瞒报事故的；

（三）阻碍、干涉事故调查工作的；

（四）在事故调查中作伪证或者指使他人作伪证的。

第四十条　事故发生单位对事故发生负有责任的，由有关部门依法暂扣或者吊销其有关证照；对事故发生单位负有事故责任的有关人员，依法暂停或者撤销其与安全生产有关的执业资格、岗位证书；事故发生单位主要负责人受到刑事处罚或者撤职处分的，自刑罚执行完毕或者受处分之日起，5 年内不得担任任何生产经营单位的主要负责人。

为发生事故的单位提供虚假证明的中介机构，由有关部门依法暂扣或者吊销其有关证照及其相关人员的执业资格；构成犯罪的，依法追究刑事责任。

第四十一条　参与事故调查的人员在事故调查中有下列行为之一的，依法给予处分；构成犯罪的，依法追究刑事责任：

（一）对事故调查工作不负责任，致使事故调查工作有重大疏漏的；

（二）包庇、袒护负有事故责任的人员或者借机打击报复的。

第四十二条　违反本条例规定，有关地方人民政府或者有关部门故意拖延或者拒绝落实经批复的对事故责任人的处理意见的，由监察机关对有关责任人员依法给予处分。

第四十三条　本条例规定的罚款的行政处罚，由安全生产监督管理部门决定。

法律、行政法规对行政处罚的种类、幅度和决定机关另有规定的，依照其规定。

第六章　附　则

第四十四条　没有造成人员伤亡，但是社会影响恶劣的事故，国务院或者有关地方人民政府认为需要调查处理的，依照本条例的有关规定执行。

国家机关、事业单位、人民团体发生的事故的报告和调查处理，参照本条例的规定执行。

第四十五条　特别重大事故以下等级事故的报告和调查处理，有关法律、行政法规或者国务院另有规定的，依照其规定。

第四十六条　本条例自 2007 年 6 月 1 日起施行。国务院 1989 年 3 月 29 日公布的《特别重大事故调查程序暂行规定》和 1991 年 2 月 22 日公布的《企业职工伤亡事故报告和处理规定》同时废止。

附录二

中华人民共和国国务院令

第 599 号

《电力安全事故应急处置和调查处理条例》已经 2011 年 6 月 15 日国务院第 159 次常务会议通过，现予公布，自 2011 年 9 月 1 日起施行。

总理　温家宝
二〇一一年七月七日

电力安全事故应急处置和调查处理条例

第一章　总　　则

第一条　为了加强电力安全事故的应急处置工作，规范电力安全事故的调查处理，控制、减轻和消除电力安全事故损害，制定本条例。

第二条　本条例所称电力安全事故，是指电力生产或者电网运行过程中发生的影响电力系统安全稳定运行或者影响电力正常供应的事故（包括热电厂发生的影响热力正常供应的事故）。

第三条　根据电力安全事故（以下简称事故）影响电力系统安全稳定运行或者影响电力（热力）正常供应的程度，事故分为特别重大事故、重大事故、较大事故和一般事故。事故等级划分标准由本条例附表列示。事故等级划分标准的部分项目需要调整的，由国务院电力监管机构提出方案，报国务院批准。

由独立的或者通过单一输电线路与外省连接的省级电网供电的省级人民政府所在地城市，以及由单一输电线路或者单一变电站供电的其他设区的市、县级市，其电网减供负荷或者造成供电用户停电的事故等级划分标准，由国务院电力监管机构另行制定，报国务院批准。

第四条　国务院电力监管机构应当加强电力安全监督管理，依法建立健全事故应急处置和调查处理的各项制度，组织或者参与事故的调查处理。

国务院电力监管机构、国务院能源主管部门和国务院其他有关部门、地方人民政府及有关部门按照国家规定的权限和程序，组织、协调、参与事故的应急处置工作。

第五条　电力企业、电力用户以及其他有关单位和个人，应当遵守电力安全管理规定，落实事故预防措施，防止和避免事故发生。

县级以上地方人民政府有关部门确定的重要电力用户，应当按照国务院电力监管机构的规定配置自备应急电源，并加强安全使用管理。

第六条　事故发生后，电力企业和其他有关单位应当按照规定及时、准确报告事故情况，开展应急处置工作，防止事故扩大，减轻事故损害。电力企业应当尽快恢复电力生产、电网运行和电力（热力）正常供应。

第七条　任何单位和个人不得阻挠和干涉对事故的报告、应急处置和依法调查处理。

第二章　事　故　报　告

第八条　事故发生后，事故现场有关人员应当立即向发电厂、变电站运行值班人员、电力调度机构值班人员或者本企业现场负责人报告。有关人员接到报告后，应当立即向上一级电力调度机构和本企业负责人报告。本企业负责人接到报告后，应当立即向国务院电力监管机构设在当地的派出机构（以下称事故发生地电力监管机构）、县级以上人民政府安全生产监督管理部门报告；热电厂事故影响热力正常供应的，还应当向供热管理部门报告；事故涉及水电厂（站）大坝安全的，还应当同时向有管辖权的水行政主管部门或者流域管理机构报告。

电力企业及其有关人员不得迟报、漏报或者瞒报、谎报事故情况。

第九条　事故发生地电力监管机构接到事故报告后，应当立即核实有关情况，向国务院电力监管机构报告；事故造成供电用户停电的，应当同时通报事故发生地县级以上地方人民政府。

对特别重大事故、重大事故，国务院电力监管机构接到事故报告后应当立即报告国务院，并通报国务院安全生产监督管理部门、国务院能源主管部门等有关部门。

第十条　事故报告应当包括下列内容：

（一）事故发生的时间、地点（区域）以及事故发生单位；

（二）已知的电力设备、设施损坏情况，停运的发电（供热）机组数量、电网减供负荷或者发电厂减少出力的数值、停电（停热）范围；

（三）事故原因的初步判断；

（四）事故发生后采取的措施、电网运行方式、发电机组运行状况以及事故控制情况；

（五）其他应当报告的情况。

事故报告后出现新情况的，应当及时补报。

第十一条　事故发生后，有关单位和人员应当妥善保护事故现场以及工作日志、工作票、操作票等相关材料，及时保存故障录波图、电力调度数据、发电机组运行数据和输变电设备运行数据等相关资料,并在事故调查组成立后将相关材料、资料移交事故调查组。

因抢救人员或者采取恢复电力生产、电网运行和电力供应等紧急措施,需要改变事故现场、移动电力设备的,应当作出标记、绘制现场简图,妥善保存重要痕迹、物证,并作出书面记录。

任何单位和个人不得故意破坏事故现场,不得伪造、隐匿或者毁灭相关证据。

第三章　事故应急处置

第十二条　国务院电力监管机构依照《中华人民共和国突发事件应对法》和《国家突发公共事件总体应急预案》,组织编制国家处置电网大面积停电事件应急预案,报国务院批准。

有关地方人民政府应当依照法律、行政法规和国家处置电网大面积停电事件应急预案,组织制定本行政区域处置电网大面积停电事件应急预案。

处置电网大面积停电事件应急预案应当对应急组织指挥体系及职责,应急处置的各项措施,以及人员、资金、物资、技术等应急保障作出具体规定。

第十三条　电力企业应当按照国家有关规定,制定本企业事故应急预案。

电力监管机构应当指导电力企业加强电力应急救援队伍建设,完善应急物资储备制度。

第十四条　事故发生后,有关电力企业应当立即采取相应的紧急处置措施,控制事故范围,防止发生电网系统性崩溃和瓦解;事故危及人身和设备安全的,发电厂、变电站运行值班人员可以按照有关规定,立即采取停运发电机组和输变电设备等紧急处置措施。

事故造成电力设备、设施损坏的,有关电力企业应当立即组织抢修。

第十五条　根据事故的具体情况,电力调度机构可以发布开启或者关停发电机组、调整发电机组有功和无功负荷、调整电网运行方式、调整供电调度计划等电力调度命令,发电企业、电力用户应当执行。

事故可能导致破坏电力系统稳定和电网大面积停电的,电力调度机构有权决定采取拉限负荷、解列电网、解列发电机组等必要措施。

第十六条　事故造成电网大面积停电的,国务院电力监管机构和国务院其他有关部门、有关地方人民政府、电力企业应当按照国家有关规定,启动相应的应急预案,成立应急指挥机构,尽快恢复电网运行和电力供应,防止各种次生灾害的发生。

第十七条　事故造成电网大面积停电的,有关地方人民政府及有关部门应当立即组织开展下列应急处置工作:

(一)加强对停电地区关系国计民生、国家安全和公共安全的重点单位的安全保卫,防范破坏社会秩序的行为,维护社会稳定;

（二）及时排除因停电发生的各种险情；

（三）事故造成重大人员伤亡或者需要紧急转移、安置受困人员的，及时组织实施救治、转移、安置工作；

（四）加强停电地区道路交通指挥和疏导，做好铁路、民航运输以及通信保障工作；

（五）组织应急物资的紧急生产和调用，保证电网恢复运行所需物资和居民基本生活资料的供给。

第十八条　事故造成重要电力用户供电中断的，重要电力用户应当按照有关技术要求迅速启动自备应急电源；启动自备应急电源无效的，电网企业应当提供必要的支援。

事故造成地铁、机场、高层建筑、商场、影剧院、体育场馆等人员聚集场所停电的，应当迅速启用应急照明，组织人员有序疏散。

第十九条　恢复电网运行和电力供应，应当优先保证重要电厂厂用电源、重要输变电设备、电力主干网架的恢复，优先恢复重要电力用户、重要城市、重点地区的电力供应。

第二十条　事故应急指挥机构或者电力监管机构应当按照有关规定，统一、准确、及时发布有关事故影响范围、处置工作进度、预计恢复供电时间等信息。

第四章　事 故 调 查 处 理

第二十一条　特别重大事故由国务院或者国务院授权的部门组织事故调查组进行调查。

重大事故由国务院电力监管机构组织事故调查组进行调查。

较大事故、一般事故由事故发生地电力监管机构组织事故调查组进行调查。国务院电力监管机构认为必要的，可以组织事故调查组对较大事故进行调查。

未造成供电用户停电的一般事故，事故发生地电力监管机构也可以委托事故发生单位调查处理。

第二十二条　根据事故的具体情况，事故调查组由电力监管机构、有关地方人民政府、安全生产监督管理部门、负有安全生产监督管理职责的有关部门派人组成；有关人员涉嫌失职、渎职或者涉嫌犯罪的，应当邀请监察机关、公安机关、人民检察院派人参加。

根据事故调查工作的需要，事故调查组可以聘请有关专家协助调查。

事故调查组组长由组织事故调查组的机关指定。

第二十三条　事故调查组应当按照国家有关规定开展事故调查，并在下列期限内向组织事故调查组的机关提交事故调查报告：

（一）特别重大事故和重大事故的调查期限为 60 日；特殊情况下，经组织事故调查组的机关批准，可以适当延长，但延长的期限不得超过 60 日。

（二）较大事故和一般事故的调查期限为 45 日；特殊情况下，经组织事故调查组的机关批准，可以适当延长，但延长的期限不得超过 45 日。

事故调查期限自事故发生之日起计算。

第二十四条　事故调查报告应当包括下列内容：

（一）事故发生单位概况和事故发生经过；

（二）事故造成的直接经济损失和事故对电网运行、电力（热力）正常供应的影响情况；

（三）事故发生的原因和事故性质；

（四）事故应急处置和恢复电力生产、电网运行的情况；

（五）事故责任认定和对事故责任单位、责任人的处理建议；

（六）事故防范和整改措施。

事故调查报告应当附具有关证据材料和技术分析报告。事故调查组成员应当在事故调查报告上签字。

第二十五条　事故调查报告报经组织事故调查组的机关同意，事故调查工作即告结束；委托事故发生单位调查的一般事故，事故调查报告应当报经事故发生地电力监管机构同意。

有关机关应当依法对事故发生单位和有关人员进行处罚，对负有事故责任的国家工作人员给予处分。

事故发生单位应当对本单位负有事故责任的人员进行处理。

第二十六条　事故发生单位和有关人员应当认真吸取事故教训，落实事故防范和整改措施，防止事故再次发生。

电力监管机构、安全生产监督管理部门和负有安全生产监督管理职责的有关部门应当对事故发生单位和有关人员落实事故防范和整改措施的情况进行监督检查。

第五章　法　律　责　任

第二十七条　发生事故的电力企业主要负责人有下列行为之一的，由电力监管机构处其上一年年收入 40% 至 80% 的罚款；属于国家工作人员的，并依法给予处分；构成犯罪的，依法追究刑事责任：

（一）不立即组织事故抢救的；

（二）迟报或者漏报事故的；

（三）在事故调查处理期间擅离职守的。

第二十八条　发生事故的电力企业及其有关人员有下列行为之一的，由电力监管机构对电力企业处 100 万元以上 500 万元以下的罚款；对主要负责人、直接负责的主管人员和其他直接责任人员处其上一年年收入 60% 至 100% 的罚款，属于国家工作人员的，并依法给予处分；构成违反治安管理行为的，由公安机关依法给予治安管理处罚；构成犯罪的，依法追究刑事责任：

（一）谎报或者瞒报事故的；

（二）伪造或者故意破坏事故现场的；

（三）转移、隐匿资金、财产，或者销毁有关证据、资料的；

（四）拒绝接受调查或者拒绝提供有关情况和资料的；

（五）在事故调查中作伪证或者指使他人作伪证的；

（六）事故发生后逃匿的。

第二十九条 电力企业对事故发生负有责任的，由电力监管机构依照下列规定处以罚款：

（一）发生一般事故的，处 10 万元以上 20 万元以下的罚款；

（二）发生较大事故的，处 20 万元以上 50 万元以下的罚款；

（三）发生重大事故的，处 50 万元以上 200 万元以下的罚款；

（四）发生特别重大事故的，处 200 万元以上 500 万元以下的罚款。

第三十条 电力企业主要负责人未依法履行安全生产管理职责，导致事故发生的，由电力监管机构依照下列规定处以罚款；属于国家工作人员的，并依法给予处分；构成犯罪的，依法追究刑事责任：

（一）发生一般事故的，处其上一年年收入 30%的罚款；

（二）发生较大事故的，处其上一年年收入 40%的罚款；

（三）发生重大事故的，处其上一年年收入 60%的罚款；

（四）发生特别重大事故的，处其上一年年收入 80%的罚款。

第三十一条 电力企业主要负责人依照本条例第二十七条、第二十八条、第三十条规定受到撤职处分或者刑事处罚的，自受处分之日或者刑罚执行完毕之日起 5 年内，不得担任任何生产经营单位主要负责人。

第三十二条 电力监管机构、有关地方人民政府以及其他负有安全生产监督管理职责的有关部门有下列行为之一的，对直接负责的主管人员和其他直接责任人员依法给予处分；直接负责的主管人员和其他直接责任人员构成犯罪的，依法追究刑事责任：

（一）不立即组织事故抢救的；

（二）迟报、漏报或者瞒报、谎报事故的；

（三）阻碍、干涉事故调查工作的；

（四）在事故调查中作伪证或者指使他人作伪证的。

第三十三条 参与事故调查的人员在事故调查中有下列行为之一的，依法给予处分；构成犯罪的，依法追究刑事责任：

（一）对事故调查工作不负责任，致使事故调查工作有重大疏漏的；

（二）包庇、袒护负有事故责任的人员或者借机打击报复的。

第六章　附　　则

第三十四条　发生本条例规定的事故，同时造成人员伤亡或者直接经济损失，依照本条例确定的事故等级与依照《生产安全事故报告和调查处理条例》确定的事故等级不相同的，按事故等级较高者确定事故等级，依照本条例的规定调查处理；事故造成人员伤亡，构成《生产安全事故报告和调查处理条例》规定的重大事故或者特别重大事故的，依照《生产安全事故报告和调查处理条例》的规定调查处理。

电力生产或者电网运行过程中发生发电设备或者输变电设备损坏，造成直接经济损失的事故，未影响电力系统安全稳定运行以及电力正常供应的，由电力监管机构依照《生产安全事故报告和调查处理条例》的规定组成事故调查组对重大事故、较大事故、一般事故进行调查处理。

第三十五条　本条例对事故报告和调查处理未作规定的，适用《生产安全事故报告和调查处理条例》的规定。

第三十六条　核电厂核事故的应急处置和调查处理，依照《核电厂核事故应急管理条例》的规定执行。

第三十七条　本条例自 2011 年 9 月 1 日起施行。

附：

电力安全事故等级划分标准

事故等级 ＼ 判定项	造成电网减供负荷的比例	造成城市供电用户停电的比例	发电厂或者变电站因安全故障造成全厂（站）对外停电的影响和持续时间	发电机组因安全故障停运的时间和后果	供热机组对外停止供热的时间
特别重大事故	区域性电网减供负荷 30% 以上 电网负荷 20000 兆瓦以上的省、自治区电网，减供负荷 30% 以上 电网负荷 5000 兆瓦以上 20000 兆瓦以下的省、自治区电网，减供负荷 40% 以上 直辖市电网减供负荷 50% 以上 电网负荷 2000 兆瓦以上的省、自治区人民政府所在地城市电网减供负荷 60% 以上	直辖市 60% 以上供电用户停电 电网负荷 2000 兆瓦以上的省、自治区人民政府所在地城市 70% 以上供电用户停电			
重大事故	区域性电网减供负荷 10% 以上 30% 以下 电网负荷 20000 兆瓦以上	直辖市 30% 以上 60% 以下供电用户停电			

判定项 事故等级	造成电网减供负荷的比例	造成城市供电用户停电的比例	发电厂或者变电站因安全故障造成全厂（站）对外停电的影响和持续时间	发电机组因安全故障停运的时间和后果	供热机组对外停止供热的时间
重大事故	的省、自治区电网，减供负荷 13%以上 30%以下 电网负荷 5000 兆瓦以上 20000 兆瓦以下的省、自治区电网，减供负荷 16%以上 40%以下 电网负荷 1000 兆瓦以上 5000 兆瓦以下的省、自治区电网，减供负荷 50%以上 直辖市电网减供负荷 20%以上 50%以下 省、自治区人民政府所在地城市电网减供负荷 40%以上（电网负荷 2000 兆瓦以上的，减供负荷 40%以上 60%以下） 电网负荷 600 兆瓦以上的其他设区的市电网减供负荷 60%以上	省、自治区人民政府所在地城市 50%以上供电用户停电（电网负荷 2000 兆瓦以上的，50%以上 70%以下） 电网负荷 600 兆瓦以上的其他设区的市 70%以上供电用户停电			
较大事故	区域性电网减供负荷 7%以上 10%以下 电网负荷 20000 兆瓦以上的省、自治区电网，减供负荷 10%以上 13%以下 电网负荷 5000 兆瓦以上 20000 兆瓦以下的省、自治区电网，减供负荷 12%以上 16%以下 电网负荷 1000 兆瓦以上 5000 兆瓦以下的省、自治区电网，减供负荷 20%以上 50%以下 电网负荷 1000 兆瓦以下的省、自治区电网，减供负荷 40%以上 直辖市电网减供负荷 10%以上 20%以下 省、自治区人民政府所在地城市电网减供负荷 20%以上 40%以下 其他设区的市电网减供负荷 40%以上（电网负荷 600 兆瓦以上的，减供负荷 40%以上 60%以下） 电网负荷 150 兆瓦以上的县级市电网减供负荷 60%以上	直辖市 15%以上 30%以下供电用户停电 省、自治区人民政府所在地城市 30%以上 50%以下供电用户停电 其他设区的市 50%以上供电用户停电（电网负荷 600 兆瓦以上的，50%以上 70%以下） 电网负荷 150 兆瓦以上的县级市 70%以上供电用户停电	发电厂或者 220 千伏以上变电站因安全故障造成全厂（站）对外停电，导致周边电压监视控制点电压低于调度机构规定的电压曲线值 20%并且持续时间 30 分钟以上，或者导致周边电压监视控制点电压低于调度机构规定的电压曲线值 10%并且持续时间 1 小时以上	发电机组因安全故障停运行超过行业标准规定的大修时间 2 周，并导致电网减供负荷	供热机组装机容量 200 兆瓦以上的热电厂，在当地人民政府规定的采暖期内同时发生 2 台以上供热机组因安全故障停止运行，造成全厂对外停止供热并且持续时间 48 小时以上

判定项 事故等级	造成电网减供负荷的比例	造成城市供电用户停电的比例	发电厂或者变电站因安全故障造成全厂（站）对外停电的影响和持续时间	发电机组因安全故障停运的时间和后果	供热机组对外停止供热的时间
一般事故	区域性电网减供负荷 4%以上 7%以下 电网负荷 20000 兆瓦以上的省、自治区电网，减供负荷 5%以上 10%以下 电网负荷 5000 兆瓦以上 20000 兆瓦以下的省、自治区电网，减供负荷 6%以上 12%以下 电网负荷 1000 兆瓦以上 5000 兆瓦以下的省、自治区电网，减供负荷 10%以上 20%以下 电网负荷 1000 兆瓦以下的省、自治区电网，减供负荷 25%以上 40%以下 直辖市电网减供负荷 5%以上 10%以下 省、自治区人民政府所在地城市电网减供负荷 10%以上 20%以下 其他设区的市电网减供负荷 20%以上 40%以下 县级市减供负荷 40%以上（电网负荷 150 兆瓦以上的，减供负荷 40%以上 60%以下）	直辖市 10%以上 15%以下供电用户停电 省、自治区人民政府所在地城市 15%以上 30%以下供电用户停电 其他设区的市 30%以上 50%以下供电用户停电 县级市 50%以上供电用户停电（电网负荷 150 兆瓦以上的，50%以上 70%以下）	发电厂或者 220 千伏以上变电站因安全故障造成全厂（站）对外停电，导致周边电压监视控制点电压低于调度机构规定的电压曲线值 5%以上 10%以下并且持续时间 2 小时以上	发电机组因安全故障停止运行超过行业标准规定的检修时间 2 周，并导致电网减供负荷	供热机组装机容量 200 兆瓦以上的热电厂，在当地人民政府规定的采暖期内同时发生 2 台以上供热机组因安全故障停止运行，造成全厂对外停止供热并且持续时间 24 小时以上

注：1. 符合本表所列情形之一的，即构成相应等级的电力安全事故。

2. 本表中所称的"以上"包括本数，"以下"不包括本数。

3. 本表下列用语的含义：

（1）电网负荷，是指电力调度机构统一调度的电网在事故发生起始时刻的实际负荷；

（2）电网减供负荷，是指电力调度机构统一调度的电网在事故发生期间的实际负荷最大减少量；

（3）全厂对外停电，是指发电厂对外有功负荷降到零（虽电网经发电厂母线传送的负荷没有停止，仍视为全厂对外停电）；

（4）发电机组因安全故障停止运行，是指并网运行的发电机组（包括各种类型的电站锅炉、汽轮机、燃气轮机、水轮机、发电机和主变压器等主要发电设备），在未经电力调度机构允许的情况下，因安全故障需要停止运行的状态。

附录三

国家电力监管委员会令

第 31 号

《电力安全事故调查程序规定》已经 2012 年 6 月 5 日国家电力监管委员会主席办公会议审议通过，现予公布，自 2012 年 8 月 1 日起施行。

主席　吴新雄

二〇一二年六月十三日

电力安全事故调查程序规定

第一条　为了规范电力安全事故调查工作，根据《电力安全事故应急处置和调查处理条例》和《生产安全事故报告和调查处理条例》，制定本规定。

第二条　国家电力监管委员会及其派出机构（以下简称电力监管机构）组织调查电力安全事故（以下简称事故），适用本规定。

国务院授权国家电力监管委员会（以下简称电监会）组织调查特别重大事故，国家另有规定的，从其规定。

第三条　事故调查应当按照依法依规、实事求是、科学严谨、注重实效的原则，及时、准确地查清事故原因，查明事故性质和责任，总结事故教训，提出整改措施和处理意见。

第四条　任何单位和个人不得阻挠和干涉对事故的依法调查。

第五条　电力监管机构调查事故，应当及时组织事故调查组。

第六条　下列事故由电监会组织事故调查组：

（一）国务院授权组织调查的特别重大事故；

（二）重大事故；

（三）电监会认为有必要调查的较大事故。

第七条　较大事故、一般事故由事故发生地派出机构组织事故调查组。

较大事故、一般事故跨省（自治区、直辖市）的，由事故发生地电监会区域监管局组织事故调查组；较大事故、一般事故跨区域的，由电监会指定派出机构组织事故调查组。

电监会认为必要的，可以指令派出机构组织事故调查组调查一般事故。

第八条　组织事故调查组应当遵循精简、高效的原则。根据事故的具体情况，事故调查组由电力监管机构、有关地方人民政府、安全生产监督管理部门、负有安全生产监督管理职责的有关部门派人组成。

事故有关人员涉嫌失职、渎职或者涉嫌犯罪的，电力监管机构应当邀请监察机关、公安机关、人民检察院派人参加。

电力监管机构可以聘请有关专家参加事故调查组，协助事故调查。

第九条　事故有关单位、人员涉嫌违法，电力监管机构依法予以立案的，电力监管机构稽查工作部门应当派人参加事故调查组。

第十条　事故调查组成员应当具有事故调查所需要的知识和专长，与所调查的事故、事故发生单位及其主要负责人、主管人员、有关责任人员没有直接利害关系。

第十一条　事故调查组成员名单和组长建议人选由电力监管机构安全监管部门提出，报电力监管机构负责人批准。

事故调查组组长主持事故调查组的工作。

第十二条　根据事故调查需要，电力监管机构可以重新组织事故调查组或者调整事故调查组成员。

第十三条　事故调查组应当制定事故调查方案。事故调查方案包括事故调查的职责分工、方法步骤、时间安排等内容。

第十四条　事故调查组进行事故调查，应当制作事故调查通知书。事故调查通知书应当向事故发生单位、事故涉及单位出示。

第十五条　事故调查组勘查事故现场，可以采取照相、录像、绘制现场图、采集电子数据、制作现场勘查笔录等方法记录现场情况，提取与事故有关的痕迹、物品等证据材料。事故调查组应当要求事故发生单位移交事故应急处置形成的有关资料、材料。

第十六条　事故调查组可以进入事故发生单位、事故涉及单位的工作场所或者其他有关场所，查阅、复制与事故有关的工作日志、工作票、操作票等文件、资料，对可能被转移、隐匿、销毁的文件、资料予以封存。

第十七条　事故调查组应当根据事故调查需要，对事故发生单位有关人员、应急处置人员等知情人员进行询问。询问应当制作询问笔录。

事故发生单位负责人和有关人员在事故调查期间不得擅离职守，并随时接受事故调查组的询问，如实提供有关情况。

第十八条　事故调查组进行现场勘查、检查或者询问知情人员，调查人员不得少于2人。

第十九条　事故调查需要进行技术鉴定的，事故调查组应当委托具有国家规定资质的单位进行。必要时，事故调查组可以直接组织专家进行。技术鉴定所需时间不计入事故调查期限。

第二十条　事故调查组应当收集与事故有关的原始资料、材料。因客观原因不能收集原始资料、材料，或者收集原始资料、材料有困难的，可以收集与原始资料、材料核对无误的复印件、复制品、抄录件、部分样品或者证明该原件、原物的照片、录像等其他证据。

现场勘查笔录、检查笔录、询问笔录和鉴定意见应当由调查人员、勘查现场有关人员、被询问人员和鉴定人签名。

事故调查组应当依照法定程序收集与事故有关的资料、材料，并妥善保存。

第二十一条　事故调查组成员在事故调查工作中应当诚信公正，恪尽职守，遵守纪律，保守秘密。

未经事故调查组组长允许，事故调查组成员不得擅自发布有关事故的信息。

第二十二条　事故调查组应当查明下列情况：

（一）事故发生单位的基本情况；

（二）事故发生的时间、地点、现场环境、气象等情况，事故发生前电力系统的运行情况；

（三）事故经过、事故应急处置情况，事故现场有关人员的工作内容、作业时间、作业程序、从业资格等情况；

（四）与事故有关的仪表、自动装置、断路器、继电保护装置、故障录波器、调整装置等设备和监控系统、调度自动化系统的记录、动作情况；

（五）事故影响范围、电网减供负荷比例、城市供电用户停电比例、停电持续时间、停止供热持续时间、发电机组停运时间、设施设备损坏等情况；

（六）事故涉及设施设备的规划、设计、选型、制造、加工、采购、施工安装、调试、运行、检修等方面的情况；

（七）电力监管机构认为应当查明的其他情况。

第二十三条　事故调查组应当查明事故发生单位执行国家有关安全生产规定，加强安全生产管理，建立健全安全生产责任制度，完善安全生产条件等情况。

第二十四条　涉及人身伤亡的事故，事故调查组除应查明本规定第二十二条、第二十三条规定的情况外，还应当查明：

（一）人员伤亡数量、人身伤害程度等情况；

（二）伤亡人员的单位、姓名、文化程度、工种等基本情况；

（三）事故发生前伤亡人员的技术水平、安全教育记录、从业资格、健康状况等情况；

（四）事故发生时采取安全防护措施的情况和伤亡人员使用个人防护用品的情况；

（五）电力监管机构认为应当查明的其他情况。

第二十五条　事故调查组应当在查明事故情况的基础上，确定事故发生的直接原因、间接原因和其他原因，判断事故性质并做出责任认定。

第二十六条　事故调查组应当根据现场调查、原因分析、性质判断和责任认定等情况，撰写事故调查报告。

事故调查报告的内容应当符合《电力安全事故应急处置和调查处理条例》的规定，并附具有关证据材料和技术分析报告。

第二十七条　事故调查组成员应当在事故调查报告上签名。事故调查组成员对事故调查报告的内容有不同意见的，应当在事故调查报告中注明。

第二十八条　事故调查报告经电力监管机构负责人办公会议审查同意，事故调查工作即告结束。事故发生地派出机构组织调查的较大事故，事故调查报告应当先经电监会安全监管部门审核。

由事故发生地派出机构组织调查的一般事故和较大事故，事故调查报告应当报电监会安全监管部门备案。

第二十九条　事故调查应当按照《电力安全事故应急处置和调查处理条例》规定的期限进行。

第三十条　事故调查涉及行政处罚的，应当符合行政处罚案件立案、调查、审查和决定的有关规定。

第三十一条　电力监管机构应当依据事故调查报告，对事故发生单位及其有关人员依法给予行政处罚。

第三十二条　电力监管机构应当依据事故调查报告，制作监管意见书，对有关人员提出给予处分或者其他处理的意见，送达有关单位。有关单位应当依据监管意见书依法处理，并将处理情况报告电力监管机构。

第三十三条　事故调查过程中发现违法行为和安全隐患，电力监管机构有权予以纠正或者要求限期整改。要求限期整改的，电力监管机构应当及时制作整改通知书。

被责令整改的单位应当按照电力监管机构的要求进行整改，并将整改情况以书面形式报电力监管机构。

第三十四条　电力监管机构应当加强监督检查，督促事故发生单位和有关人员落实事故防范和整改措施，必要时进行专项督办。

第三十五条　电力生产或者电网运行过程中发生发电设备或者输变电设备损坏，造成直接经济损失的事故，未影响电力系统安全稳定运行以及电力正常供应的，由电力监管机构依照本规定组织事故调查组对重大事故、较大事故和一般事故进行调查。

第三十六条　未造成供电用户停电的一般事故，电力监管机构委托事故发生单位组织事故调查的，电力监管机构应当制作事故调查委托书，确定事故调查组组长，审查事故调查报告。事故发生单位组织事故调查，参照本规定执行。

第三十七条　本规定自 2012 年 8 月 1 日起施行。

附录四

关于做好电力安全信息报送工作的通知

各派出机构，全国电力安全生产委员会成员单位：

为贯彻落实国务院《电力安全事故应急处置和调查处理条例》（国务院令第 599 号）和《生产安全事故报告和调查处理条例》（国务院令第 493 号）有关要求，加强电力安全信息报送工作，现将有关事项通知如下。

一、信息报送范围

1. 电力生产（含电力建设施工）过程中发生的电力安全事故、电力人身伤亡事故、发电设备或输变电设备损坏造成直接经济损失达到 100 万元以上的事故（简称设备事故），以上统称电力事故。

2. 影响电力（热力）正常供应，或对电力系统安全稳定运行构成威胁，可能引发电力安全事故或造成较大社会影响的电力安全事件（具体见电监安全〔2012〕11 号《关于印发电力安全事件监督管理暂行规定的通知》，以下简称事件）。

3. 境外电力工程建设和运营项目发生的较大以上人身伤亡事故。

二、信息报告单位

发生"信息报送范围"中所述电力事故或事件的单位是信息报告的责任单位。其中，电力建设施工中发生电力事故或事件时，电力工程项目建设、施工、监理等各参建单位都有报告信息的责任。

三、即时报告信息的程序、时限、内容及方式

1. 报告程序及时限

信息报告责任单位负责人接到电力事故或事件报告后应当于 1 小时内向上级主管单位、事故或事件发生地电监会派出机构报告，在未设派出机构的省、自治区、直辖市，信息报告责任单位负责人应向电监会相关区域电监局报告。涉及电网减供负荷或者城市供电用户停电的电力安全事故或事件，由省级以上电网企业向电监会派出机构报告。电监会派出机构和全国电力安全生产委员会（以下简称电力安委会）成员单位接到电力事故或事件报告后应当于 1 小时内向电监会报告。发生在西藏自治区的电力事故或事件，信息报告责任单位负责人应当于接到电力事故或事件报告后 1 小时内直接报电监会。

境外电力工程建设和运营项目发生较大以上人身伤亡事故的，事故发生单位在国内的主管企业在接到报告后 1 小时内向电监会报告。

2．报告内容及方式

信息报告应当采取书面方式（内容及格式见附件 1）上报，不具备书面报告条件的可先通过电话报告，再书面报告。信息报告后又出现新情况的，应当及时补报。

四、综合信息的报送程序、时间及内容

1．月（年）度电力事故或事件信息统计表

报送程序：省（自治区）电监办统计本省（自治区）月（年）度电力事故或事件信息报区域电监局，未设电监办的省（自治区、直辖市）的电力事故或事件信息由区域电监局负责统计。区域电监局汇总本区域月（年）度电力事故或事件信息后报电监会安全监管局。电力安委会成员单位汇总本企业月（年）度电力事故或事件信息后报电监会安全监管局。

报送时间及内容：区域电监局和电力安委会成员单位应于每月 17 日前报送上月电力事故或事件信息统计表（见附件 2、3），次年 1 月底前报送上年度电力事故或事件信息统计表（见附件 2、3）。

2．年度电力安全生产情况分析报告

电监会派出机构和电力安委会成员单位应于次年 1 月底前向电监会安全监管局报送上年度电力安全生产情况分析报告，主要内容包括：全年电力安全生产情况，电力事故或事件规律研究，存在的问题和风险分析，以及整改措施等。

3．电力事故或事件调查报告书

组织或参与事故或事件调查的电监会派出机构和事故或事件发生单位应于事故或事件调查报告书正式批复或同意后 5 个工作日内将事故或事件调查报告书报送电监会安全监管局。

五、信息报送要求

1．各单位要高度重视电力安全信息报送工作，加强领导，落实责任，建立健全工作机制，完善工作制度，采取有效措施，切实做好信息报送工作，确保信息的及时、准确和完整。

2．各单位要完善电力安全信息报送工作程序，明确信息报送的部门、人员和 24 小时联系方式，报电监会安全监管局，如发生变动，须及时通报。

3．电力事故或事件即时报告，应在书面报告后 3 日内报送电子信息；报送月（年）度电力事故或事件信息统计表、年度电力安全生产情况分析报告、电力事故或事件调查报告书时应同时报送纸质文件和电子信息，电子信息在电监会门户网站"电力安全信息报送"软件上直接填报，纸质文件和电子信息须经本单位安全生产部门负责人签发和审核。

4．电力监管机构要定期通报电力安全信息报送情况，加强对企业该项工作的监督检查，对成绩突出的单位和个人给予表彰；对迟报、漏报、谎报、瞒报信息的单位要责令其改正，情节严重或造成严重后果的单位应当予以通报或处罚。

5. 本通知自 2012 年 3 月 1 日起施行。以前有关文件中如有与上述规定不符的，以此通知为准。

附件：1. 电力事故或事件即时报告单
　　　 2. ＿＿月（年）电力事故信息统计表（电力安全事故/设备事故部分）
　　　　　＿＿月（年）电力事故信息统计表（电力人身伤亡事故部分）
　　　 3. ＿＿月（年）电力事故基本信息统计表
　　　　　＿＿月（年）电力安全事件信息统计表

附件 1：

电力事故或事件即时报告单

序号内容		报　告　内　容		
1	报告类型	事故报告□		事件报告□
2	填报时间及方式	第 1 次报告□		后续报告□
		第 1 次报告时间		年　月　日　时　分
3	企业名称、地址及联系方式	企业详细名称		
		企业详细地址		
		企业联系电话		
		上级主管单位名称		
		在建项目	建设单位名称	
			施工单位名称	
			设计单位名称	
			监理单位名称	
4	事故或事件经过	发生时间		
		地点（区域）		
		事故或事件类型		
		初判事故等级		
		简要经过		
5	损失情况	人身伤亡情况	死亡人数	
			失踪人数	
			重伤人数	
		电力设备、设施损坏情况		
		停运的发电（供热）机组数量、电网减供负荷或者发电厂减少出力的数值、停电（停热）范围，停电用户数量等		
		其他不良社会影响		

续表

序号	内容	报　告　内　容		
6	原因及处置恢复情况	原因初步判断		
		事故或事件发生后采取的措施、电网运行方式、发电机组运行状况以及事故或事件的控制或恢复情况等		
7	填报单位		填报人	填报人联系方式

注：1. 事故类型：电力生产人身伤亡事故、电力建设人身伤亡事故、电力安全事故、设备事故。

　　　　事件类型：影响电力（热力）正常供应事件（参见《电力安全事件监督管理暂行规定》第六条第一、六、十款）、影响电力系统安全稳定运行事件（参见第六条第二、三、四、五、七款）、造成较大社会影响事件（参见第六条第八、九款）。

　　2. 初判事故等级：一般、较大、重大和特别重大。事件信息不填报事故等级。

　　3. 境外电力工程建设和运营项目发生较大以上人身伤亡事故的，填写本表。

　　4. 电网企业直管、控股、代管县及县级市供电企业及其所属农村供电所组织的 10 千伏及以下生产经营等业务活动中发生的事故或事件亦属电力安全信息报送范围。

　　5. 本页填报不完的可另附页。

附件 2：

＿＿＿月（年）电力事故信息统计表（电力安全事故/设备事故部分）

填报单位（章）：＿＿＿＿＿＿＿＿＿＿＿＿＿＿＿＿＿＿＿＿＿＿＿＿＿＿＿＿

统计项目 \ 统计期间	电力安全事故（次）				设备事故（次）			
	事故次数	其中			事故次数	其中		
		较大	重大	特别重大		较大	重大	特别重大
当月								
本年累计								
上年同期								
上年累计								
填报说明：								

审核人签字：　　　　制表人签字：　　　　填报日期：＿＿＿＿年＿＿＿＿月＿＿＿＿日

全国电力事故和电力安全事件汇编（2014 年）

____月（年）电力事故信息统计表（电力人身伤亡事故部分）

填报单位（章）：＿＿＿＿＿＿＿＿＿＿＿＿＿＿＿＿＿＿＿＿＿＿＿＿＿＿＿＿＿＿＿

期间项目	电力生产人身伤亡事故																					电力建设人身伤亡事故																					
	电力生产人身伤亡情况			其中													电力建设人身伤亡情况			其中																						
				较大			重大			特别重大										较大			重大			特别重大																
	起数	死亡	重伤	起数	死亡	重伤	起数	死亡	重伤	起数	死亡	重伤					起数	死亡	重伤	起数	死亡	重伤	起数	死亡	重伤	起数	死亡	重伤														
当月																																										
本年累计																																										
上年同期																																										
上年累计																																										
填报说明：																																										

注：电力人身伤亡事故"起数"的单位为"次"，"死亡"和"重伤"的单位为"人"。

审核人签字：　　　　　制表人签字：　　　　　填报日期：＿＿＿＿＿年＿＿＿＿＿月＿＿＿＿＿日

附件 3：

____月（年）电力事故基本信息统计表

填报单位（章）：＿＿＿＿＿＿＿＿＿＿＿＿＿＿＿＿＿＿＿＿＿＿＿＿＿＿＿＿＿＿＿

序号项目	时间	地点（单位）	事故类型	事故等级	电力人身伤亡事故类别	造成电力安全事故/设备事故责任原因	事故简要经过、后果及处置情况
1							
2							
3							
填报说明：							

审核人签字：　　　　　制表人签字：　　　　　填报日期：＿＿＿＿＿年＿＿＿＿＿月＿＿＿＿＿日

注：1. 事故类型：电力生产人身伤亡事故、电力建设人身伤亡事故、电力安全事故、设备事故。

2. 事故等级：一般、较大、重大和特别重大。

3. 电力人身伤亡事故类别：触电、高处坠落、物体打击、机械伤害、淹溺、灼烫伤、火灾、坍塌、中毒、爆炸、道路交通等。

4. 造成电力安全事故/设备事故责任原因：规划设计不周、制造质量不良、施工安装不良、检修质量不良、调整试验不当、运行不当、管理不当、调度不当、电力系统影响、用户误操作、外力破坏、自然灾害等。

5. 本页填报不完的可另附页。

＿＿＿月（年）电力安全事件信息统计表

填报单位（章）：＿＿＿＿＿＿＿＿＿＿＿＿＿＿＿＿＿＿＿＿＿＿＿＿＿＿＿

序号项目	时间	地点（单位）	事件类型	造成电力安全事件原因	事件简要经过、后果	事件处置情况
1						
2						
3						
填报说明：本月（年）事件次数＿＿＿，本年累计＿＿＿，上年同期＿＿＿＿＿，上年累计＿＿＿＿＿。						

审核人签字：　　　　　　制表人签字：　　　　　　填报日期：＿＿＿＿＿年＿＿＿＿＿月＿＿＿＿＿日

注：1. 事件类型：影响电力（热力）正常供应事件（参见《电力安全事件监督管理暂行规定》
第六条第一、六、十款）、影响电力系统安全稳定运行事件（参见第六条第二、三、四、
五、七款）、造成较大社会影响事件（参见第六条第八、九款）。
2. 造成电力安全事件原因：规划设计不周、制造质量不良、施工安装不良、检修质量不良、
调整试验不当、运行不当、管理不当、调度不当、用户误操作、外力破坏、自然灾害等。
3. 本页填报不完的可另附页。